再生能源

尋找未來新動能

A Very Short Introduction

Renewable Energy

NICK JELLEY

尼克・傑利
著

王惟芬
譯

目錄

第一章

什麼是再生能源？

在日常生活中，我們無時無刻都在使用能源：不論是用手機打電話，燒一壺水或是開車出門，我們都要用到能量。能源是良好生活品質的保障，能夠提供溫暖、生產食物，並且推動科技發展；在過去兩百年間，世人對化石燃料的依賴日益增加。然而，以燃燒煤炭、石油和天然氣來提供能源，不僅會將大量二氧化碳（CO_2）排放到大氣中，還會產生有害污染物，危及世人的健康和環境。要繼續維持我們目前這樣的生活模式當然很容易，而且地球上也還蘊藏有足夠的化石燃料，可以持續供應我們數百年。問題是，大氣中的二氧化碳含量已經高到開始嚴重地擾亂氣候，在本世紀末之前，全球暖化將導致危害生靈的氣候變遷，危及到數百萬人的生命。而現在，光是空氣污染問題每年就已導致七百萬人早夭。

再生能源

所幸，在我們使用的這些能源中，有些並不會造成這樣深具破壞性的後果，特別是太陽能、風力和水力發電所產生的能量。而且，在世界許多地方，太陽能和風力發電逐漸成為最便宜的能源，能夠用來替代化石燃料。此外，這些能源是可再生的（renewable），可以在幾天到幾十年內的時間中自行補充。若是生產一能源的成本低廉，生產過程又不至於對環境或人類造成損害（砍伐森林來種植生質能源也算是危害環境），那麼這一項再生能源的供應就算是可永續的（sustainable）。這類永續能源具有許多直接的優點，可以減少今天困擾許多城市的空氣污染，提供更便宜的能源和許多的新工作機會，還能以合理成本來保障數百萬人的能源供給無虞。

在幾年前要談放棄對化石燃料的依賴來應對全球暖化還很困難，因為這種使用能源的方式早已經深植於我們的社會，而且當時任何替代選項都非常昂貴。此外，在那時氣候變遷的問題似乎還只是個遙遠的威脅，還在緩步發展中，因此並沒有引發大家的反應，許多個人和政府都不願付諸行動。時至今日，威脅已近在咫尺，從化石燃料轉向再生能源已成為必要的課題。

太陽是再生能源的主要來源。它的輻射提供照明用的光線，熱能可用來取暖和烹飪，還可以透過太陽能電池轉化為電能。由於地球表面對陽光的吸收不同，會在地表造成溫差，導致風的產生，這又可用於驅動風力渦輪機。河流是水力發電的源泉，而且是自然循環的一部分，其中來自雲的降雨經由河水流入大海，受到太陽能加熱，蒸發到大氣中，然後再次成雲致雨，落入河中。植物透過光合作用獲得能量，在有陽光時將二氧化碳和水轉化為碳水化合物，這可成為食物，還能作為發熱和推動引擎的燃料。風能和太陽能都是很有潛力的資源，可望滿足全世界的能源需求，太陽能甚至可提供超過世界需求的數倍。

早期能源

直到十八世紀為止，幾乎所有的能源都來自再生能源。動植物提供食物和材料，如木材、糞便、油和脂肪等，這些可用於烹飪、取暖、照明和遮避；如今，這些都稱為傳統生質能（traditional biomass）。進入青銅時代後，人類懂得以減少空氣供應來製造不完全燃燒的條件，由此燒出來的木炭可以提高燃燒溫度，因此能夠從礦石中提煉金屬。晚近幾個世紀以來，人又使用牛馬等動物來從事勞務和運輸，使得工作變得容易許多。

太陽能的主要用途，除了擔負讓糧食生長的這項重要功能外，還可用於住宅的保暖和照明。在古代，希臘人和中國人建造房屋時，都會讓主屋坐北朝南，以捕捉陽光，而羅馬人還加裝了玻璃窗，來留住餘溫。在炎熱乾燥的氣候區，房屋往往建有非常厚的牆壁，這在白天能夠隔熱，而到了晚上則會保暖。來自太陽的熱量還可用於乾燥材料，例如用於製磚的粘土和保存食物。

也有地方是用煤、泥炭和原油來供熱和光照，不過比重不大，而且僅限於容易取得這類燃料的區域。在少數地方，地熱的能量會以溫泉的形式來呈現。這種能源是可再生的，因為它來自地球內部散發的熱量。在一些羅馬人的浴室，如那些在龐貝城遺跡發現的構造，從中可看出他們過去曾利用這些地熱溫泉。

風能

人很早就以帆船來航行，早在五千年前的尼羅河上就已經有過這樣的紀錄。早期的帆船有一根桅杆，並裝有一方帆，有風時就可行進。但是這些船也可斜行入風，只要將風帆傾斜來捕捉風即可。這時帆會彎曲，風在帆布上產生壓力差，將帆推向垂直於風的方向，這原理就像是在空中升起的飛機機翼一樣，在前行時，空氣會產生一股往上的推升力。早期的地中海大帆船，如羅馬的三列帆船，會將槳和帆結合起來，維京船也是如此。不過大多數的商船都僅是帆船。後來演變出的三角帆，又稱為晚帆（lateen sails），就取代了過往的方形帆，成為更簡單、更便宜的選項，在西元五世紀發展得很完善，並且還能夠讓船隻迎風航行（圖1）。

帆船開啟了世界各地的海上貿易，之後又演變出有方帆和後帆等的多桅船，能夠以一定的速度航行很遠的距離。十九世紀中葉的茶船速度，最高可以超過十

圖 1　晚帆。（照片來源：iStock.com/duncan1890）

五節（時速二十八公里），而平均的航行速度約為最高速時的一半，類似於現代賽艇的速度。在天候狀況許可時，海上運輸通常比陸運更為便宜且容易，因為當時的道路通常都非常原始而簡陋。

人類最早在陸地上使用風能的紀錄是在十世紀的波斯，當時使用垂直軸風車來抽水和研磨穀物。在中國曾使用過類似的風車，最初很可能是從那裡開發出來的。這些機器的效率低於十二世紀左右在歐洲首次出現的水平軸風車，最初是在英國、法國和荷蘭使用，在十三世紀迅速向東歐傳播開來，通常是在沒有水車可用的地方開始興建。風車主要是用於研磨穀物、抽水和鋸木。第一批風車是安裝在柱子上，可以手動轉動，正對著迎面而來的風。後來，到了十四世紀左右，引入了更大的風車，只在頂部裝有可以旋轉的風帆和風軸。大型風車在十九世紀走到頂峰，這時燃煤蒸汽機開始流行起來，整台機具的體積較小，而且可按需求提供動力。

水力

大約在西元前兩世紀左右，埃及、中國和希臘相繼開發出水車。最初是用於灌溉和供應飲用水，等到進入一世紀時，水車已被改造用以運轉石磨和鋸子等機器。西元二世紀，在高盧（Gaul）的一家羅馬工廠已經設有十六組研磨穀物的水車，五世紀時，中國和羅馬帝國也廣泛使用水車。到了十世紀，水車在工業上的應用已經傳到伊斯蘭國家，十二世紀時又傳到歐洲，例如，天主教的熙篤會

（Cistercian）僧侶會用它們來鍛造金屬和製造橄欖油。

在用於打水的水車中，水車是垂直安裝在流水的上方。當水流帶動輪子旋轉時，連接在輪子邊緣的水桶會被裝滿和倒空，據信，一些阿拉伯地區的水車可以將水打到三十公尺高處。讓水流過水車頂部，填充輪輞上的隔間，從而獲得更大的動力。水的運動和重量會轉動輪子。水平的水車建造起來較為簡單，非常適合用於流動快的溪流，其上附有一根垂直軸，讓水流過水車的一側。在中世紀，也曾小規模地利用潮汐運動，在海岸上建造水車，提供動力。潮汐能也算是再生能源，因為潮汐運動和從潮汐中吸收能量的損失，對月球、地球和太陽的相對運動的影響甚小，可以忽略不計。

工業革命最初是由水所驅動的。阿克萊特（Richard Arkwright）於一七七一年在英格蘭德比郡（Derbyshire）的第一家紡織工廠使用水車來驅動他的棉紡機。到了一八二七年，法國工程師傅聶宏（Benoît Fourneyron）大幅改善這項技術。他將水流封閉在一個寬大的圓柱形水管中，然後流過固定的彎曲葉片。這會

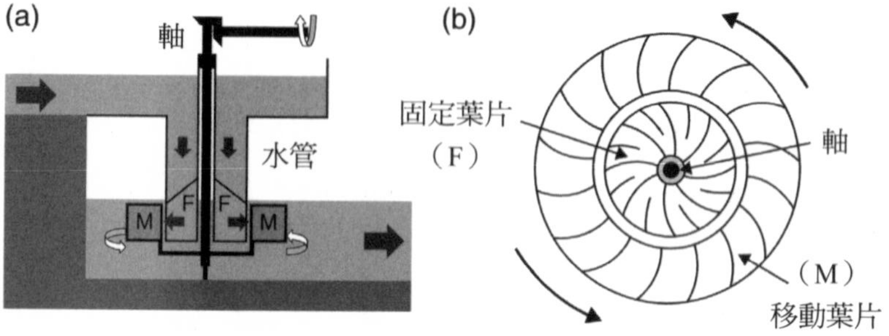

圖 2 （a）傅聶宏渦輪機示意圖：固定葉片（F）將水引導到水管中的槽，再流入所有連接在垂直軸上的活動葉片（M）上——參見（b）渦輪的水平剖面。

引導水往水平方向流動，朝那些連接在垂直軸上的移動葉片移動（見圖2）。渦輪機的設計很緊密，能夠承受的水流量和壓力更高，因此功率也隨之提升。它的效率也非常高，超過八十%，搭配一小段約一．四公尺的落水（水頭）和二．九公尺直徑的渦輪機，一八三二年他這台在法國法蘭松（Fraisans）的機器產生了大約三十七瓩（kW）的電力。這是現代水輪機的重大進步和先驅。雖然在英國的紡織業逐漸以燃煤蒸汽機取代了水力，但在法國和美國，水力渦輪機在十九世紀仍然很重要。到十九世紀末時還發展出巨大的水輪機來發電。一八九五年，特斯拉（Nikola Tesla）和威斯汀豪斯（George Westinghouse）在尼加拉瓜大瀑布建造了美國第一座大型水力發電廠，當時便採用了三台傅聶宏式的渦輪機，每台能夠產生三千七百瓩的電力。

化石燃料的興起

在英國，由於木材和木炭等燃料短缺，在十二世紀後煤炭的使用穩定增加。今天，我們都很熟悉燃煤造成的污染問題，其實早在十三世紀，倫敦就嘗試過要禁止使用煤炭，但宣告失敗。煤炭的使用在十八世紀的工業革命中真正起飛，那時在煉鐵過程中以此取代了木炭；到了十八世紀下半葉，瓦特（James Watt）和博爾頓（Matthew Boulton）開發出功率更強大的蒸汽機，進一步推動了對木炭的需求。工業革命擴及歐洲和北美，繼而延伸至全球，隨著燃煤輪船和蒸汽火車的問世，貿易規模擴大，這也造成全球對煤炭的需求激增。

過去幾千年來，在中國、阿拉伯、中亞和其他地方，原油的使用量相對較小。在十九世紀中葉，北美和歐洲已經開始在開採油田，主要是供油燈和潤滑劑使用，不過現代石油工業的真正開端通常歸功於德瑞克（Edwin Drake），他設計了一種保護裝置，主要是將一根管子安裝到岩床之下，以避免鑽探油田的孔洞塌陷。一八五九年在美國賓州，他開採到二十一公尺深處的石油，每天的產量有二十到四十桶。可惜他並沒有為他的發明申請專利，錯失致富的機會。隨著十九世紀後期以內燃機來驅動汽車的發展，對石油的需求不斷成長，如今，汽車和卡車成了石油的主要消費者，消耗大量從石油提煉出來的汽油和柴油。

在十九世紀初，煤氣最初是透過將煤氣化來進行商業生產，剛開始是提供街道照明。到了十九世紀末，電燈問世，因此煤氣的用途改變，主要用於烹飪和加熱。這時也開始使用來自油田的天然氣，到了二十世紀後期，天然氣已經完全取代了煤氣。現在，越來越多的發電廠改燒天然氣來發電，取代污染較嚴重的煤炭。

再生能源的復興

水力發電在二十世紀穩定成長，提供世界電力需求近六分之一，相較之下再生能源在這一時期的大部分時間都遭到忽視，因為以此發電在經濟上並沒有競爭力。不過在一九七〇年代，油價危機導致西方政府開始資助各種再生能源技術的研究計畫，以期減少對石油的依賴。風力發電成為第一個在商業上可行的技術，主要受益於低資金成本和稅收減免，而且是利用飛機產業中已知的葉片設計知識。然而，在一九七〇和一九八〇年代，風力發電的發展隨著油價而起起落落。儘管如此，一些擁有強風而且擔憂能源安全（能否取得負擔得起的能源）的國家仍然支持風力發電的發展。另外，世人也逐漸意識到全球暖化帶來的危害。目前在許多地區，風力發電已經比化石燃料發電更具有成本競爭力。

海浪能在一九七〇年代也引起了很大的興趣，但很快就發現其資金成本很高，而且大多數設備無法承受海上猛烈的風暴。儘管如此，一些設計仍在開發中，特別是那些完全沉浸並且固定於海底的設計。潮汐發電則是只有在潮差較大或平均潮汐流夠快的地區才符合經濟效益，這一點造成了限制，不過在好幾個地區仍然是合適的選項，特別是在北美沿海和英國周圍。

太陽能電池需要更長的時間才在能源市場上立足。光電效應（photovoltaic effect）是指某些材料在受光照射後會產生電壓，這一現象最初是由貝克勒爾（Edmond Becquerel）於一八三九年所觀察到的。不過一直要到一九五〇年代，貝爾實驗室才首先嘗試開發出以矽為材料的光電電池，但是其效率僅有六％左右。然而，由於成本過高，其應用也受到限制，僅限於衛星和太空計畫。等到一九七〇年代爆發石油危機，世人才又激發對光電電池的興趣，在過去這幾十年間，大規模的量產大幅降低了太陽能電池的成本。我們現在正進入一個新時代，在世界許多地方太陽光電場開始具有商業競爭力。

不過，在生質燃料這條陣線上，整個產業在二十世紀後半葉的成長在過去這十年放緩下來，主要是因為開始擔心整頓土地造成的二氧化碳排放問題，而且也有與糧食生產爭地的疑慮。然而，在開發中國家，生質能源（Bioenergy）非常重要。而且，由於在種植和收穫過程中的碳排放低到可忽略不計，它基本上可以算是碳中和（carbon-neutrality）的，因為燃燒這些材料所產生的二氧化碳又會被新一批的作物重新吸收。

支持再生能源的政策

除了水力發電以外的再生能源發電在初期的花費會比化石燃料發電廠更高昂，需要靠補貼才有競爭力，目前最成功的一項補助機制是上網電價（feed-in tariffs）。這是讓再生電力的生產商獲得價格的保證；至於價格的制定則是要讓廠商獲得合理的利潤，另外長期減稅的政策也可降低投資者的風險。至於這筆超過化石燃料發電的額外生產成本，通常還是轉嫁到一省或一國的所有電力消費者身上，由他們來分擔。德國、丹麥、西班牙和美國率先建立起再生能源市場，促進這方面的技術和規模經濟的進步；不過現在再生能源的製造和安裝則是由中國主導。

再生能源的全球發電量增加，使得其成本接近化石燃料，目前越來越流行以拍賣（auction）的方式來促進再生能源電廠的興建。在這些電力拍賣中，發電公司以每瓩時（kWh），也就是一度的價格，來投標一定的電量。實際電價會是透過拍賣競標來決定，因為監管機構通常難以決定價格，而成功得標的公司可確保在一段時間內的收入，這有利於投資。在過去幾年中，這些拍賣活動讓再生能源的成本顯著降低。

能源在社會中的重要性

化石燃料提供的能源讓工業革命最初得以在英國擴展開來，進而拓展到全世界。推動這股全球社會轉型的動力是靈活且充足的電力供應（有需求時就能提供），這最初是靠燃煤，後來則是由內燃機來發電。功率的標準度量單位是千瓦（瓩，kW），大致上是一馬力，也就是一匹馬在一定時間中穩定產生的力。相當於以每秒兩公尺的速度舉起五十公斤的重物。所以，若是將速度提高到每秒四公尺，則需要兩瓩的功率；因此，功率越高，完成任務的速度越快。

早期的水車輪直徑有幾公尺，可以產生幾瓩的電力，好比說十七世紀的荷蘭風車；不過到十八世紀末時，瓦特和博爾頓開發出高效而強力的蒸汽機，奠定了蒸汽動力的基礎。早期引擎的功率約為五瓩，但是在一八〇五年崔維席克（Richard Trevithick）首次將高壓蒸汽機應用在蒸汽火車上，生產出功率更強、更輕的引擎。到一八五〇年，功率超過五十瓩的引擎問世，那時的火車行駛速度可以達到每小時八十公里。蒸汽火車和蒸汽船打開了通往世界各地的貿易。蒸汽機也讓工廠和城鎮可以在任何地區擴張，而不再需要擔心是否有水力可用的問題，在整個十九世紀中葉，蒸汽機的使用不斷成長。到了世紀之交，電力和內燃機已成為工業化社會的重要特徵。

電力供應大幅增加，促進了製造業的產出和貿易，長時間下來，生活水準普遍提高，從一八四〇到一九一〇年，英國的工資成長了一倍以上。科技進步又帶動生產力的提高，但這樣快速的變化在初期造成許多人得在艱困甚至是危險的環境條件中長時間工作。在英格蘭，預期壽命一直要到一八六〇年實行公共衛生措施後才開始上升。然而，到十九世紀末，以化石燃料為動力的工業革命大幅改善了許多國家的生活條件：供暖、照明和節省家中勞動力的機器、更好的公共設施和更快的交通等等。就此來看，獲得能源對於良好的生活品質非常重要。

衡量一國生活水準的一個簡單指標是人類發展指數（Human Development Index，見圖3），這結合有教育程度、預期壽命和收入等指標。雖然這不包括任何關於不平等的衡量標準，但它確實強調了發展不僅僅是經濟成長。一國的人類發展指數與其能源使用量呈現正相關。然而，在不同的已開發國家間可以看到人均能源消耗的巨大差異。儘管其中一些是反映出氣候差異，不過仍有相當大的

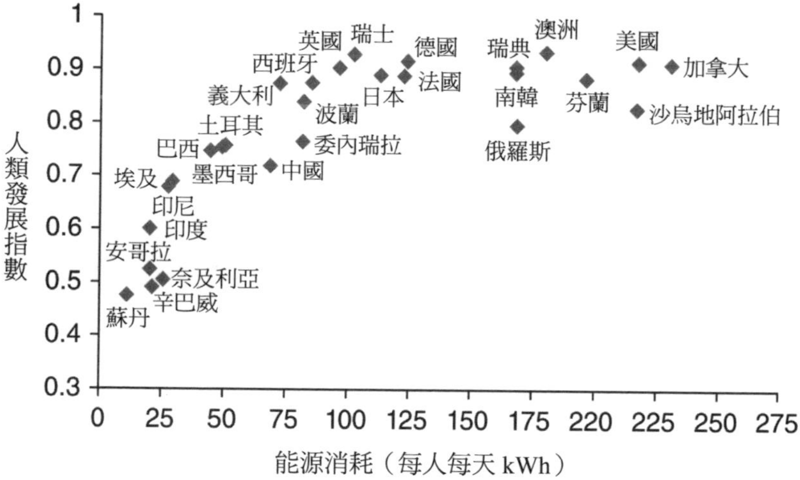

圖 3　2013 年的人類發展指數取決於平均能源使用量。平均能源使用量是一國的人均用電量，主要是用在建築、工業和交通，是將總用電量除以該國人口數而獲得；例如，每人平均 2 kW，相當於每人每天使用 48 度電的能源。（資料來源：United Nations Development Programme report and the World Bank）

空間來減少消耗量，這可透過提高能源效率和改變生活型態來達成。

低度開發國家則企圖透過增加平均能源使用來提高生活水準。特別是到了二〇一八年，全球仍有近十億人（占全球人口的十三%）無電可用。即使是每人只分配到少量的電，也可以使用手機、電腦、網路、照明、電視和冰箱。因此，能源成本是社會經濟中的一項重要因素，而這也意味在這幾十年間，化石燃料通常都還是各國的首選。

全球的能源使用

全球每年對能源的需求量相當巨大，若用瓩時——即一度電這樣的度量單位——來表示會出現天文數字，因此改用太瓦時（TWh）來表示，太瓦時等於十億瓩時。在一八〇〇年，全球約有十億人口，當時對能源的需求約為六千太瓦時；而且幾乎全部來自傳統的生質能源。到了二〇一七年，全球人口達到七十六億，發電量增加了二十五倍（十五萬五千太瓦時）。圖4顯示在二〇一七年全球主要能源消耗總量的百分比，其中近八成為化石燃料。其他再生能源包括風能、太陽能和地熱能，其中成長最快的是風場和太陽光電場。生質能源則主要來自傳統生質能源。

大約有三分之一的全球能源消耗在將化石燃料轉化為電力和精煉燃料上。剩下的稱為最終能源需求（final energy demand），是指用戶消耗掉的能源：

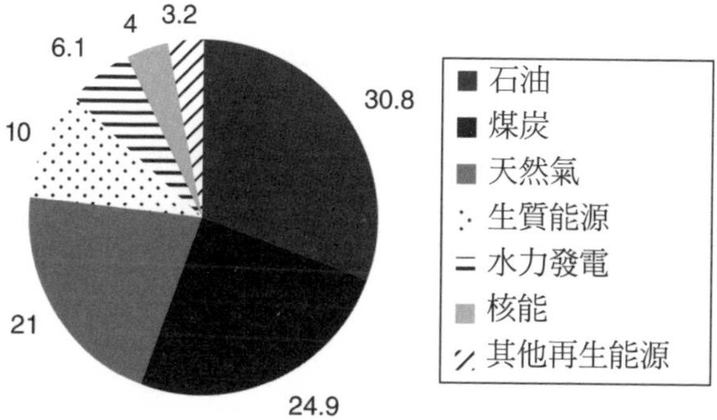

圖4　2017年的能源消耗總量，顯示出不同能源的百分占比。（資料來源：BP Statistical Review of World Energy, 2018; World Energy Council, Bioenergy, 2016）

每年約十萬太瓦時。大約有十%是來自開發中國家傳統生質能的熱，二十二%來自電力，三十八%用於供熱（主要來自化石燃料），三十%在交通運輸。熱能和電能主要都是用於工業和建築。汽油和柴油幾乎提供了所有用於運輸的燃料。

我們看到供熱與供電一樣重要。兩者都可以用瓩時為單位，也就是一度電來測量，雖然電可以完全轉化為熱量，例如電烤箱，但只有一小部分以熱能形式存在的能量可以轉化為電能，其他的必然會散失到周圍環境裡。在火力發電廠中，存在於化石燃料中的化學能會在燃燒後轉化為熱能。這會將水加熱，產生蒸汽，蒸汽膨脹推動渦輪的葉片，轉動發電機。只有一部分熱量被轉化成電力；其餘的熱量在蒸汽冷凝，完成循環時，就轉移到環境中，成了殘熱。這份熱電轉化的比例可透過提升高壓蒸汽的溫度來增加，但受限於高溫下鍋爐管線的耐受度。在一座現代化的火力發電廠中，一般熱能轉化為電能的效率約為四十%。若是在較高溫的複循環燃氣發電機組（combined cycle gas turbine，CCGT）裝置中，這個比例可提高到六十%。

同樣地，在內燃機中也只有一小部分的熱量可以轉化為車子的運動能量（動能）；汽油車的一般平均效率為二十五％，柴油車則是三十％，而柴油卡車和公車的效率約為四十％。另一方面，電動馬達的效率約為九十％，因此電氣化運輸將顯著減少能源消耗。這是提高效率和再生能源之間協同作用的一個範例，這將有助於提供世界所需的能源。

在十九世紀末，水力發電的再生資源幫助啟動了電網的發展，在二〇一八年時約占全世界發電量的十六％。而在再生能源——風能、太陽能、地熱能和生質能源——的投資上，相對要晚得多，是在二十世紀的最後幾十年才開始。起初的成長緩慢，因為這些再生能源沒有成本競爭力還需要補貼。但隨著產量增加，成本下降，它們的貢獻開始增加。這些其他再生能源發電的占比已從二〇一〇年的三．五％上升到二〇一八年的九．七％，包括水力發電在內，再生能源的總貢獻量為二十六％。

不過，就全球能源的占比，而不是僅只是考慮用戶消耗的電力來看，再生能源僅占約十八%，而傳統生質能則提供約十%的能量。隨著太陽能和風能的成本在許多國家變得比化石燃料更便宜，它們在總發電量中的占比有望在未來幾十年顯著增加。這世界花了很長的時間才意識到這一事實，從現在開始，再生能源勢必將成為主要的能源來源。

第二章

為什麼我們需要再生能源？

過去兩個多世紀以來，世界一直依賴化石燃料，但直到最近三十年左右，才真正開始重視燃燒化石燃料所帶來的危害。現在，大多數國家都接受需要改用替代方案的事實，減少化石燃料的使用，但能源轉型是件非常艱鉅的任務，因為化石燃料非常方便，大半的地方都容易取得，而且通常還是最便宜的能源，其價格上的優勢直到這幾年才有所改變。煤炭和天然氣廣泛用於發電廠、工業和家庭的供暖；石油及其衍生物是高密度的能源，非常適合用來提供汽車、卡車、輪船和飛機的動力。此外，由於化石燃料工業和相關基礎設施早已完善建立，對既得利益者來說，他們有強大的立基來維持對現狀的依賴。

不過，使用化石燃料會導致全球暖化和氣候變遷。現在，這個狀況已經引起了廣泛的關注，而且世人也逐漸意識到燃煤以及汽車和卡車引擎中的內燃機會造成空氣污染，危害健康。這些威脅正促使全球從化石燃料轉向再生能源，大家也日益關注起近年發生的極端天氣事件的強度和頻率的提升，這也對能源轉型產生推波助瀾的效果。再生能源所提供的乾淨能源的價格正不斷下降，這也有助於能源轉型。但是為什麼這世界得花上這麼長的時間才意識到依賴化石燃料的危險呢？

化石燃料的危害

燃煤發電廠最初在英國推動了工業革命，然後遍及世界各地——最近是在中國和印度，並且成為城市嚴重污染的首因，灰塵和懸浮微粒降低了能見度，同時也影響居民的健康。燃煤還會排放二氧化硫，導致酸雨，破壞建築物和植被；煤炭開採則會導致嚴重的環境退化。常見的石油來源日益耗盡，而深海鑽探會增加發生嚴重石油外漏的風險，例如二〇一〇年發生的「深水地平線」（Deepwater Horizon）鑽油平台意外事件。雖然在最近十年，開採頁岩層的天然氣和石油終於能夠符合經濟效益，而且頁岩油和頁岩氣確實也對生產線有重大貢獻，但它們對環境的衝擊令人擔憂——尤其是在水力壓裂過程中對地下水的污染。不過其最大的危害仍在於所排放出的二氧化碳。

早在一八九六年，瑞典科學家阿瑞尼斯（Svante Arrhenius）就指出，燃燒化石燃料產生的二氧化碳會讓全球氣溫升高。但當時許多人認為海洋和陸地會吸收這些排放量，不會產生任何顯著影響。一九三八年，當卡倫達（Guy Callendar）認為暖化確實發生時，再次引發擔憂，但這一結論受到了質疑。不過一九六〇年，基林（Charles Keeling）的測量值顯示出大氣中的二氧化碳含量明顯上升，他的實驗非常準確，可以看出對生長季的影響。

然而，二次世界大戰後，工業活動增加，這導致大氣中的灰塵和煙霧微粒增加，造成了全球寒化，使得氣候偵測圖像讓人感到困惑。不過，到一九七九年時，美國國家科學院（US National Academy of Science）的一個專家小組對此作出結論，認為當時比工業化前的二氧化碳濃度增加了一倍，這使得全球氣溫升高約攝氏三度。從那時起，有越來越多更為複雜的氣候模型也都支持此一推論。全球溫度之所以會上升，是因為二氧化碳這種所謂的溫室氣體（greenhouse gas）。

溫室效應和全球暖化

陽光是由可見光、紅外線和紫外線輻射所組成，它們會穿過大氣層，維持地球的溫度，使其失去熱能與接收熱能的速率相等。熱量是透過紅外線輻射散失到太空中，而其速率取決於接近大氣層頂部的溫度。在大氣層高處，空氣稀薄的地方，紅外線的輻射會逸出，這種熱能的損失又會從陽光帶來的熱量補足，因此可以繼續維持溫度。地球表面比大氣層高處要溫暖許多，因為底層的大氣就像毯子一樣阻擋了地球散發出的大部分紅外線，因此大氣層底部的溫度提高，進而加熱地球。地球發出的紅外線波長要比太陽的長得多（因為地球的溫度遠低於太陽），這些輻射會被大氣中的水蒸氣、二氧化碳和甲烷等溫室氣體所吸收。這些氣體捕捉到地球輻射出的紅外線，進而促成溫度升高，就是所謂的「溫室效應」（greenhouse effect）。

一八二四年，法國傑出的數學家傅立葉（Jean Fourier）是科學界首先注意到大氣層就像溫室一樣。然而，直到一八五九年，愛爾蘭科學家廷德耳（John Tyndall）才確定出大氣中會吸收紅外線的主要氣體。特別是，他意識到我們實際上需要這樣的溫室效應，否則「太陽將會升起在一個遍布冰霜的島嶼上」。二氧化碳是溫室氣體的主要組成，在人類開始燃燒化石燃料之前，其濃度透過自然過程而大致保持在恆定的狀態，主要是透過吸收二氧化碳的光合作用以及釋放二氧化碳的呼吸和分解作用。

然而，燃燒化石燃料會增加溫室氣體濃度，這會拉高原本讓紅外線逸出的稀薄大氣層的高度值，也就是說具有吸收性的低層大氣（絕緣層）的厚度增加，這便導致地球表面溫度上升。早在一九一二年，報紙上就曾刊登過評論這種暖化效應的文章（見圖5）。雖然文中所預估的燃燒量約是當時的一倍半，但這是一個非常有先見之明的看法。

從前工業時代以來，全球溫度平均暖化了約攝氏一度，圖6顯示從十九世紀末（這時才可以進行準確的溫度測量）以來的全球平均溫度的變化。雖然在觀察到的這些溫度變化中，有些是因為太陽輻射強度的變化以及火山活動等自然現象所導致，但是在一九七〇至二〇〇〇年（實際上直至二〇一八年）的這段期間，溫度上升只能用人類引起的溫室氣體濃度變化來解釋，特別是來自化石燃料的二氧化碳燃燒。如果僅有自然原因，那麼在一九七〇至二〇〇〇年（直至二〇一八年）這段期間，地球溫度的預估值應當與一九七〇年代大致相同。

在二〇〇三至二〇一三年間，測得的溫度大致恆定，有些人會以此為反證，質疑並沒有真的發生全球暖化。但

COAL CONSUMPTION AFFECTING CLIMATE.

The furnaces of the world are now burning about 2,000,000,000 tons of coal a year. When this is burned, uniting with oxygen, it adds about 7,000,000,000 tons of carbon dioxide to the atmosphere yearly. This tends to make the air a more effective blanket for the earth and to raise its temperature. The effect may be considerable in a few centuries.

圖 5　1912 年 8 月 14 日的《羅德尼時報》（*The Rodney and Otamatea Times*, Waitemata and Kaipara Gazette）。

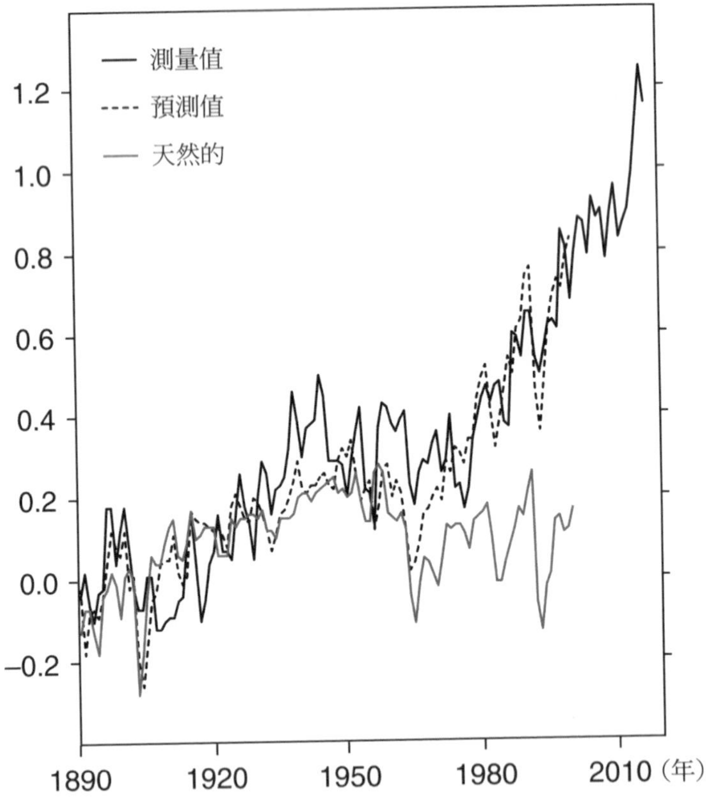

圖 6 顯示 1890 ～ 2018 年全球溫度的曲線：測量值、預測值（自然因素加上人為因素導致的改變）；以及預估的自然變化量。（資料來源：NASA/Goddard Institute for Space Studies (GISS); Meehl, G. et al. (2004). Combinations of Natural and Anthropogenic Forcings in Twentieth-Century Climate. J. Climate, 17）

若是考量從一九九〇至二〇一八年這段更長的時期，觀測結果依舊符合整體溫度穩定上升的趨勢，正如由溫室氣體濃度增加所預測的結果那樣。由自然原因引起的波動，例如聖嬰（El Nino）或反聖嬰（La Nina）現象，是因為每隔幾年太平洋海面會發生暖化或寒化，這所導致的偏差可能會掩蓋住溫度穩定上升的趨勢。

氣候變遷

溫室氣體，特別是二氧化碳的排放，主要來自燃燒化石燃料，但也有部分是因為土地利用的變化（例如砍伐森林來耕作農作物），這不僅會導致全球暖化，還會引起其他改變。冰河、格陵蘭和南極冰蓋的融化導致海平面上升，而冰層流失又影響到動物棲息地。與此同時，由於有更多的二氧化碳溶在海洋中，導致海水酸化，威脅到貝類和其他海洋生物，並導致全世界大量珊瑚的死亡。由全球暖化引起的氣候變遷已經造成許多物種改變分布位置。溫度的小幅上升會增加乾旱的風險，還有可能影響到作物產量：即使只是升高攝氏一度，小麥的平均產量也會降低六％。

在北極，冰融化後會讓更多的海面暴露出來，由於水的反射率低於冰，因此會吸收更多陽光，這又會放大暖化效應。這一區現在的溫度比一九七〇年高出攝氏兩度以上，因此北極大部分地區都沒有冰。這樣的極地放大暖化增加了與極端熱浪相關的「阻塞模式（blocking pattern）」的機會，會造成類似二〇一八年夏天歐洲經歷的那股熱浪。這同時也會增加噴射流變化的風險，可能會導致北極冷空氣移動，把此地非常寒冷的天氣帶往遙遠的南方。由於全球暖化的緣故，現在的大氣溫度普遍偏高，雲可以容納更多的水蒸汽。這意味著，當發生嚴重風暴時，降雨量可能會更大，發生嚴重洪水的機率更高。降雪也可能更深。因此，即使全球僅暖化攝氏一度，也會嚴重破壞我們的氣候，顯著增加極端天氣事件的發生頻率。

若是全球升溫超過攝氏兩度，可能會在世界許多地區帶來災難性的影響。它可能會加速安第斯山脈和中國西部的冰川融化，這會威脅到數百萬人的供水，因為有季節性調節水量作用的冰河正在消失，原本它會在冬季蓄水，並在夏季釋放出來。海平面上升將淹沒馬爾地夫等低窪島嶼，淹沒孟加拉和美國東海岸部分地區的海岸線，導致人口大規模流動。高溫也會增加對人類健康的威脅，特別是在熱帶和亞熱帶地區。生物多樣性也可能發生不可逆轉的變化，相當大比例的動植物物種可能走上滅絕。諷刺的是，一些最貧窮國家將首當其衝，而他們對氣候變遷的影響最小。原住民族群和數百萬以土地勞動維生的人已經受到極端乾旱、山洪暴發和不穩定季節的影響。而這種極端氣候正在加速遷移。

若是這世界繼續以化石燃料為主要生產能源的來源，那麼到二一〇〇年時，溫度將升高到產生無法避免的破壞性影響。因此，科學界以及越來越多的政界人士達成了壓倒性的共識，即現在必須採取果斷行動來減少我們的碳排放。在二〇一五年的《巴黎協定》（Paris Agreement of 2015）中，各國同意將全球暖化限制在攝氏兩度之內；若是有可能的話，還可將限制調整到攝氏一．五度之內。儘管當時的美國總統川普在二〇一七年宣布他打算讓美國退出該協議，但美國的許多州，尤其是加州，仍然致力於降低碳排放。

聯合國政府間氣候變遷專門委員會（International Panel on Climate Change）在二〇一八年的後續報告中指出，若將全球暖化控制在攝氏一．五度之內，其風險將顯著低於攝氏兩度。到二〇五〇年，若將升溫限制在攝氏一．五度，可以使數億人免於受到氣候相關的災害，並顯著減少生物多樣性的喪失。對於全世界的長期健康而言，採取減碳行動顯然是必要且緊迫的，因為目前暖化已達到攝氏一度，不過限制排放對人類社群的生活品質會產生許多立即的益處，而正是因為受到這些原因的激勵，全球正在努力擴大再生能源的使用。

必須降低二氧化碳排放量

一七五〇年（就在工業革命開始之前），大氣中的二氧化碳濃度約為兩百八十ppm（parts per million的縮寫，即百萬分之一），最初是緩慢上升，到一九五〇年時達到三百一十ppm左右；但此後就迅速增加，一九九〇年達到三百五十ppm，二〇一八年則是四百零七ppm。排放至大氣中的二氧化碳大約可停留兩百年，然後大部分會被吸收。除了二氧化碳之外，還有其他溫室氣體，當中排放量最高的是甲烷，約占總量的四分之一，然而，甲烷的循環週期要短得多，約為十年，這意味著，儘管它所產生的溫室效應比二氧化碳來得大，但全球平均地表的暖化程度在很大程度上還是由二氧化碳的累積排放量所決定。

從進入工業時期一直到二〇一七年，這段時期累積的排放量約為二百二十億噸，或作二千二百吉噸（gigatonne，Gt）的二氧化碳，導致全球氣溫上升約攝氏一度。若是將非二氧化碳溫室氣體的影響也納入考量，我們必須對二氧化碳的排放量做出進一步的限制，控制在五百八十吉噸以內，才有可能將全球暖化限制在攝氏一．五度左右。這意味著我們要迅速減少對化石燃料的依賴——如果繼續保持現狀（每年從化石燃料排放出約三十七吉噸的二氧化碳），那麼到二〇三五年時，我們將超過這個溫度，情況已迫在眉睫（這與第三十六頁圖6中的溫度升高預估值一致）。

儘管化石燃料是由生質所形成的，但化石化的過程很緩慢，無法源源不絕地補充化石燃料——我們一年的消耗量，大約需要一百萬年的積累。但把化石燃料「耗盡」並不是一個解決方法，因為燃燒掉目前已知的煤炭、石油和天然氣儲量，將會排放出大約三千吉噸的二氧化碳。此外，還有大量非常規和未開發的這類資源，如頁岩油、頁岩氣和焦油砂等。因此化石燃料必須是以碳的排放量來加以限制，而不是資源的儲備量；必須將大多數的它們留在地層中，使其成為「凍結資產」，如此才能將全球暖化的程度控制在攝氏一．五度以內。

以再生能源取代化石燃料

我們必須採取緊急行動，需要以不會排放二氧化碳的能源來發電和供熱，替代煤炭和天然氣以及運輸業的用油。用以替代化石燃料的再生能源必須與其一樣便宜，因為能源對於良好的生活水準至關重要，而且很少有人能夠負擔得起更貴的能源。而這一點是可以做到的，因為在許多地區已經出現具有成本競爭力的太陽能和風力供電，而且最終的發電量可以滿足全球總能量的需求。因此，太陽能和風能將成為未來再生能源的主要形式。水力發電也是具有經濟潛力的再生能源，儘管這類資源較為受限，預估水力將可提供約當前全球十五%的能量需求。

雖然現在所有這些再生能源的價格都像化石燃料一樣便宜，但它們並不是一種高密度能源。風能、太陽光電和水力發電裝置都比同等級的化石燃料發電廠占用更多的面積。不過就許多應用層面來看，這並不構成問題：太陽能板可以安裝在屋頂、田野或沙漠中；風機可架設在山頂上，而水輪機則可置於河流中；但在運輸方面，特別是汽車，需要使用高密度的能量。由於這些再生能源都是產生電力，現在這些能量來源能以鋰電池儲存，它的重量輕，體積也夠緻密。化石燃料提供大量熱能——特別是在工業使用上——而使用再生能源提供熱能，不論是直接供應，如使用電弧爐，或是間接地產生零碳排燃料，如氫氣，都將顯著提升對電力的需求。

儘管生質能也有成為再生能源的潛力，並且能為工業和火力發電廠提供熱源，但生產大量能源需要用到大面積的土地，這一點特別引起關注，尤其是考慮到興建這類電廠會與糧食生產爭地；於是現階段的研究集中於在不適合耕作糧食作物的土地上設立電廠。

再生能源發電廠經濟學

再生能源必須符合經濟效益，而這取決於發電廠的效率及其資金成本以及利率、電廠運作年限，再加上維護和營運成本。以效率為二十％的矽晶太陽能電池為例，這會比效率為四十％的多接面電池（multijunction cell）要便宜，因為多接面電池目前的價格較貴。儘管太陽能發電廠的效率越高，其規模就會越小，但在經濟上，最重要還是每瓩時發電量——也就是一度電——的價格。

發電廠的最大輸出一般稱為其發電容量（capacity），或額定容量（rated capacity）。發電容量是以兆瓦（megawatts，MW）來表示，一兆瓦為一千瓩，也就是一千度的電。一間化石燃料發電廠的標準發電量約為一千兆瓦，而大型風場和太陽光電場的電量現在通常約為五百兆瓦，大型水力發電廠則為數千兆瓦。發電廠並非一直處於運作狀態，比方說在夜間電力需求量較低，或是就再生能源電廠的例子來說，有可能是因為缺乏風或陽光等來源。因此，一年的總發電量是假設電廠連續運作時的發電量的一部分，這部分稱為容量因數（capacity factor）。

一座燃煤的火力發電廠，其容量因數約為〇．六。相較之下，風場和太陽光電場的容量因數要小得多，因為風速會改變，而陽光只在白天出現：目前平均的陸域風場發電容量因數約為〇．三，離岸風場約為〇．五；而太陽光電場則在〇．一至〇．二五之間，具體數字取決於所在位置。

以一座容量因數為〇．四的五百兆瓦風場來說，每年產生約十七點五億度的電力，足以供五十萬戶歐洲家庭使用。一個使用年限為二十年的現代渦輪機，粗估的電力成本為每度〇．〇五歐元（相當於新台幣十八元），與化石燃料發電相比，確實是具有競爭力。風況好的風場，容量因數可達到〇．五，這時會將發電成本降低到每度〇．〇四歐元（相當於新台幣十四元），而增加渦輪機的使用年限也會降低成本。資金支出取決於利率或折現率（discount rate），這也有顯著影響；比方說，若是將折現率從八％改為四％，將會讓電力成本降低兩成。這個降幅取決於許多因素，特別是對這項建設是否能按時完工和符合成本預算的信心，以及市場的利率。

再生能源所需的陸地或海域面積

與化石燃料發電廠不同，風場和太陽光電場需要相當大的面積來產生相應的電力。一般來說，地球上有足夠的可用空間；以風力發電來說，在渦輪機之間的土地還可用於放牧或種植作物。在美國，僅需要全美土地面積的二％來蓋風場，就可以滿足總電力需求。即使在人口密度高的地方，如歐洲的部分地區，若將風機設置在海上，也能產生相當的電力。北海的風力資源是世界上最好的：一片占地約三十平方公里的土地，每年可產生十億瓩時（度），也就是一太瓦時的電，足夠約一百萬戶歐洲家庭使用。

英國每年的能源消耗總量為一千六百五十太瓦時，而只要用北海約三・五％的面積，大概比整個威爾斯的面積再多兩成，就足以供應全英一半的電力。這會需要增設配電中心和海底電纜，但合適的區域都在英國外海不到五十公尺深的水域中。然而，在二〇〇九年做出這項預估時，一般認為離岸風電成本過高，讓人望之卻步。不過，從那時起，成本一直在快速下降，到二〇二〇年代初，離岸風場開始像新的燃氣發電廠一樣具有成本競爭力，到二〇二〇年代末時，其成本就跟現有發電廠一樣。

不過在考量開發中國家的狀況時，要思考的重點就不是當前的能源需求，而是需要多少能源才能提供良好的生活品質。在印度，甚至是非洲，仍有數以百萬計的人無電可用。就人類發展指數（第二十三頁圖3）來衡量，要獲得標準的良好生活水準，每人每天所需要的能源約是八十瓩時的電。不過這項需求量還包含將化石燃料轉化為電力的能源，以及在運輸中消耗的化石燃料能源。若是使用電氣化運輸，並直接使用再生能源來發電，那麼這項能源需求可減少到每天約六十瓩時。對於印度和非洲來說，由於當地的太陽能強度高，太陽光電場可以滿足很大的需求量。

在印度，每年產生一太瓦時電力所需的空間約為十五平方公里。因此，在這個有十三點五億人口和三百三十萬平方公里的土地上，大約需要七％的土地來滿足全國一半的總能源需求；在非洲，相應的土地面積比例是一％（可以選用非耕地來避免與糧食生產爭地的情況）。因此，非洲有可能完全用太陽能板來提供所需電力；甚至還能加以出口，創造財富。

再生能源的變動性

太陽能和風能與化石燃料發電不同，無法將燃料儲存起來以備使用，因此不是隨時都可發電。無法連續供電的問題也不僅限於再生能源發電，因為傳統發電機也可能會故障，這時同樣無法運作供電。因此備用電源是有其必要性的，就像是在電力需求出現尖峰時可用以調度的；而這些通常是以燃氣發電廠為主。雖然風能和太陽能可以相互補充、支援，因為冬季風速通常高於夏季，而夏季日照強於冬季，但這離實際連續供電還有一大差距。

隨著再生能源發電占比的增加，這種供電的變動性也隨之放大。一般而言，這問題可透過設置更多備用發電機組來解決——而這也不會造成大量二氧化碳排放，算是一種低碳（low-carbon）的方式——或是使用電池這類儲能裝置。這些裝置可將多餘的發電量儲存起來，待日後需要更多電力時使用。也可以根據供電狀況來調整需求，這稱為需量反應（demand response），並且加以分散，比方說使用智慧電錶和控制表，將電力消耗從晚上轉移到白天。在大區域以及幾個國家，目前有設置發電機間的電網互聯線（interconnector），這也有助於處理用電尖峰期的需求。即使在沒有風或陽光時，也可以維持供電。

低碳替代能源

雖然電廠燃燒化石燃料的碳排放量，比那些再生能源的製造和相關營運過程所造成的排放量多出十倍以上，但現有的技術正顯著減少這些排放量。可以透過化學方式來捕捉排放出來的二氧化碳，然後將其泵入到地底——例如廢棄的天然氣田——儲存起來。這項技術也可以應用在工業製程中。然而，捕碳的資金成本很高，而且尚未獲得補助或支持，因此沒有競爭力，不過這項技術還是在持續成長中。若是我們減少燃燒化石燃料的速度不夠快，這種在空氣中捕碳的技術可能有助於減少二氧化碳的累積排放量。但就截至目前為止的進展來看，即使到二〇五〇年，碳捕捉技術似乎也不可能減少十％以上的排放量。

核電場可以在不排放二氧化碳的情況下發電；然而，在烏克蘭的車諾比事件和日本福島的嚴重核安事故後，世人對其安全性感到擔憂，而且目前在一些國家，核電開始失去競爭力，因此也有人擔心其使用成本。其他的問題，還包括這項技術可用於濃縮鈾來製造核武，以及核廢料的處置。雖然這些問題導致歐洲和北美不再使用核電，但在亞洲卻出現了核電擴張的情況；預計到二〇五〇年時，核電對整體世界電力需求的貢獻度相對較小，大概在一成左右。

因此，儘管這些替代性的低碳技術有所幫助，但它們不足以在不排放任何二氧化碳的情況下提供我們所需的電力，但若是要避免氣候變遷的危險發生，需要在二〇五〇年左右達成減碳目標。因此，我們需要先了解「傳統」再生能源——生質能、太陽熱能和水力發電——以及更現代的——風能（使用渦輪機）和太陽光電（使用光電板）——到二〇五〇年時各自的發電量有多少，以及其成本；以及其他再生技術，例如潮汐、波浪和地熱等（預計僅會有很小貢獻）。實際上我們既可以取代具有破壞性碳排放的化石燃料，又可以同時滿足提高世人生活水準所需的能源需求，不過要達到這一點，有賴全球共同付出大量努力，才能及時實現。

第三章

生質能、太陽熱能和水力發電

生質能

從人類開始過定居生活以來，就會種植作物和獵殺動物來吃食，並且燒木取暖。這些生命物質中存有能量，有的在燃燒時會釋放熱量，有的則是以食物的形式供我們和動物食用。而這類能量的最初來源都是太陽，是植物透過光合作用捕捉陽光，將空氣中的二氧化碳和地上的水轉化為碳水化合物。隨著全球人口不斷增加，土地資源正急劇枯竭中。種植生質能所需的作物必須使用到大量的土地，這為生質能的發展打上問號，因為發展這類能源可能會與種植糧食和保護生態系互相衝突。目前，生質能占我們消耗的總能源的十％左右，主要透是燃燒木材、木炭、糞便或農作物殘留物來產生熱能，將其用於烹飪和取暖，另外就是以食物的形式產出，這所提供的能量與前者大致相同。在開發中國家，這種傳統生質能仍是許多人的主要能量來源。

一九七〇年代爆發石油短缺的危機，這激發世人種植燃料作物的興趣，想要以此來替代汽油和柴油這兩種石油衍生燃料。生質燃料主要有兩種，一是乙醇（即酒精），這可以透過玉米等含糖植物的發酵過程產生；另一是生物柴油，是用棕櫚油這類植物油提煉而成。另外，也有人對開發木材和農業廢棄物來作為生質能感興趣，這些可以用來替代煤炭或天然氣，用於發電或需要大量熱能的工業製程。由於在種植和收穫過程中所釋放的二氧化碳量很少，可忽略不計，因此這些生質能源作物可算是一種低碳的永續能源。

在光合作用中，太陽能轉化為生質能的效率很低，約為一％。這意味著需要大片土地來種植生質能源作物。以日本為例，就算用盡所有的耕地，所產生的生質燃料也只能替代三十％的每年汽油消耗量。換言之，為生質能尋找合適的土地可能是一大問題。

傳統生質能

傳統的生質能源目前為開發中國家將近二十五億的人口提供能源。另有三億人是依賴煤炭和煤油。然而，在簡單的爐灶和明火中燃燒木材、木炭、煤或煤油會產生嚴重破壞健康的煙霧，每年約有三百八十萬人因此早逝，這主要影響的是婦女和兒童。他們通常得花上幾個小時收集木材，若是把這些時間省下來，孩童就可以去上學，而婦女則可用來從事其他活動。

在生活於非洲撒哈拉沙漠以南地區的十億人口中，約有八十五%依賴傳統的生質能源。當中大部分是使用木炭，特別是在城市地區，因為材質緻密，容易使用；傳統上，木炭是在缺氧的土坑或土窯中加熱木材製成的。由於人口成長，再加上有更多人往城市集中，預計這樣的需求將會持續上升。這股趨勢引起對森林砍伐和土地退化的擔憂。未加規範的木材採伐可能會對環境造成破壞，這樣的對比剛好可以從海地的伐林與多明尼加共和國保存完好的森林看出來（見圖7）。

圖 7　海地與多明尼加共和國的邊界顯示出伐林（海地）和護林（多明尼加共和國）之間的明顯對比。（照片來源：James P. Blair/Getty Images）

世界各地都在嘗試採用改良的烹飪爐灶，中國在一九八〇和一九九〇年代初期引進了一億三千萬台。但大多數對健康的益處仍然有限，因為在燃燒燃料時仍會排放出帶有微粒的煙霧以及一些一氧化碳。要去除這些有害排放物，需要達到完全燃燒。這可以透過加熱燃料上方的空氣來達成，但這往往會增加燃燒爐的複雜性，而且造價較為昂貴，在農村地區沒有多少人負擔得起。不過還是有些簡單的信貸計畫，讓一些低收入戶可透過手機來申請優質的爐灶。

這些乾淨的生質能源爐灶的生產成本需要降低，而集中化的工業生產可透過規模經濟來協助達成。由於太陽能板和電池的成本急劇下降，電爐可能很快就能成為另一個解決方案。

不過有許多人不願意嘗試新的烹飪方法，也沒有意識到這些對健康的好處。在一些貧困社區，還得擔心有人會偷盜這些新設備，遭竊的恐懼可能也會推遲對這項新技術的投資。

生質燃料

自十九世紀末以來，世人開始對生質燃料產生興趣，當時狄塞爾（Rudolf Diesel）在巴黎的一個展覽會上展示了他研發出的第一台以花生油當燃料的引擎。後來在一九二〇年代，福特（Henry Ford）也嘗試過用可發酵的農作物所產生的乙醇來發動拖拉機。然而，在二次世界大戰後，隨著中東廉價石油的供應，對生質燃料的興趣也日益減弱。等到一九七〇年代，石油供應受到威脅時，世人又開始重燃這方面的熱情，許多國家制定出鼓勵生質燃料成長的政策；最初是為了保障能源安全，後來也是基於遏止全球暖化的考量。

其中最成功的一項生質燃料計畫是在巴西，那裡的甘蔗種植園非常廣大，在一九二〇年代後期就是在這裡開始生產乙醇的。這種方式的能量產量很高，因為在種植和收穫作物期間，以及在製造乙醇時所使用的能量都相對較少。大面積的可耕地再加上良好的天氣條件，得以種植大片甘蔗田，現在，乙醇占巴西汽車燃料的三分之一左右。

然而，在其他國家的生質燃料計畫則不太成功。在美國，鼓勵農民用玉米製造乙醇，但能源產量很低，因為生產玉米需要大量能源。此外，美國生產的生物乙醇量僅占其汽油消費量的十%左右。若要再提高十%的產量，需要的土地大約是十五%的美國農田。在歐洲，歐盟鼓勵生質柴油，而植物油的產量也有所增加，特別是在本世紀的前十年。這些油必須先進行化學處理，才能用於現代柴油引擎，因為它們比柴油燃料更濃稠。生質柴油對棕櫚油的需求導致印尼和馬來西亞的伐林增加，並且放乾了大面積的泥炭地。這導致泥炭分解，引發火災，釋放出大量二氧化碳，而這將需要種植很多年的生質燃料作物才有辦法抵消。

因為養牛、種植大豆和木材而進行的土地開墾也造成熱帶森林遭到砍伐，造成全球約十%的溫室氣體排放，還連帶導致生物多樣性的嚴重流失。由於擔心生質燃料造成的二氧化碳排放、對環境的衝擊以及與糧食生產的潛在衝突（棕櫚油和玉米都是重要的食物），現在所有生質燃料計畫的擴張腳步都放緩了。

環境衝擊和生質燃料的進展

所有這些對環境衝擊的擔憂都逐漸轉移到進階版（也稱為第二代）的生質燃料上。這是指可以在不適合進行糧食耕作區生長的植物性燃料，主要是柳枝稷（switchgrass）這類能夠在貧瘠土地上生長的富含纖維素植物。不過這個過程相當昂貴，需要先經過酸處理，將纖維素分解成可以發酵成乙醇的糖。所幸，在二次世界大戰時，有人發現一種真菌會分泌能夠分解棉衣和帳篷的酵素。在乙醇的生產中，若是使用酵素，僅需要投入很少的能量；然而，在實務上，要讓這種方法具有成本效益還是比預期困難許多。

另一個可能的答案是微藻（microalgae），這也引起了很多關注，因為它們的含油量很高，還可以在旱地的鹹水或廢水中生長。但在多年研究後，仍然無法讓微藻生產的生質燃料具有商業競爭力。一般來說，高產油率的代價是犧牲生長速度，而微藻養殖和煉油的過程都非常昂貴。也有考量過養殖基改品種的可能性，不過由於微藻在海洋食物鏈中扮演非常重要的調節作用，若是釋放基改品種至野外，也可能會有破壞環境中物種微妙平衡的疑慮。

在專門建造的大桶中以無氧方式來分解植物、食物和動物廢棄物會產生沼氣（主要是甲烷），這些沼氣可以用於加熱和烹飪，亦會用在發電廠（見圖8）。這個過程也會自然發生在堆肥、乳牛和其他反芻動物的胃中；後者估計約促成五％的全球暖化。小型沼氣池在亞洲的村莊相當普遍；在中國，有超過三千萬戶家庭使用沼氣。但是在撒哈拉

圖 8　威爾斯的厭氧消化（anaerobic digestion）電廠產能達 1 MW，可將廚餘剩食轉化為電能。（照片提供：Biogen[UK]）

沙漠以南非洲地區的使用率一直偏低，主要因為這是勞動密集偏高的設備，並且太陽能逐漸能滿足當地的能源需求。

在許多產品的製程中，生質能已發揮重要作用，成為一種永續碳源，取代石油的使用。以仙人掌這類演化出能夠良好適應半乾旱環境的植物為例，白天時，它們的葉孔會保持關閉，減少水分流失，僅有在進入夜晚後，葉孔才會打開，捕捉二氧化碳。放眼全球，大約有兩千五百萬平方公里的半乾旱和閒置田地，廣泛分布於開發中國家和已開發國家，而其中約有十%的面積可用於種植適應性強的植物。這些可望成為化學工業的重要生質能來源，同時還可以避免與糧食生產爭地以及使用石油造成的碳排放。

生質能的潛力

現代生質能目前的主要作用，是將生質作物的能源提供給建築物和工業的加熱以及發電，這約占四%的全球需求。這正是能夠發揮強大潛力的地方，若將主要來源改用農林業廢棄物和城市垃圾，它們的環境風險將會低於生質能源作物。而目前，這些資源大多尚未開發。一般來說，為了要能夠與化石燃料競爭，生質能需要有辦法做到隨時供應，就像在瑞典，近四分之一的能源都來自生質能供應。在電力生產上，若是能將發電與建築物供暖相結合，將會大幅提高生質能的使用效率。由於可以隨時提供，生質能源也可用於補強風能和太陽能等來源不穩定的能源。不過，就全球發展性來看，由於缺乏經濟競爭力，生質能的擴張還是受到限制。此外，也不是隨處都可找到合適且方便到達的大面積土地；要能夠達到一般火力發電廠的一千兆瓦輸出量，需要一塊三千平方公里的土地來種植生質能作物，相當於一個邊長為五十五公里的正方形，而這所產生的電力可提供約一百五十萬戶的歐洲家庭。

過去一直在推廣以生質燃料來取代石油衍生燃料，但目前這僅占總需求量三%左右的能源。在汽車的低碳替代品中，目前看來的首選是再生電池，而不是生質燃料。然而，如果生質燃料能夠以符合經濟效益和永續的方式生產，在航空領域仍可能大有作為，用以替代噴射燃料，也可在航運業中當作石油的替代品。生質能也有機會成為化學工業中的永續碳源。

目前，生質能的貢獻，主要是傳統型的能源，每年約為一萬五千太瓦時。由於有生產方式不符合永續的顧慮，這意味著，到二〇五〇年時，其供應量可能維持類似的比例，主要是以現代生質能的方式來提供，因為太陽能板提供的電力將會大幅減少對傳統生質能的需求。然而，這樣的狀態需要有強力的政策來支持和監管，確保在燃料作物種植和收穫過程中的二氧化碳排放量可以低到忽略不計的程度，並保護糧食生產、生物多樣性和土地權。

太陽熱能

幾千年來，太陽一直為建築物提供熱量，但直到十九世紀末，當美國家庭開始有自來水時，才發展出商用太陽能熱水器。這些太陽能集熱器包含一個漆成黑色的水箱，封閉在一個正面裝玻璃的盒子。將集熱器與位於上方的隔熱水箱連接，就可以儲存熱水，供夜間使用。白天，在集熱器中受熱的水會向上流入儲水箱，而較冷的水則向下流（見圖9）。這種熱虹吸系統過去在美國加州曾經風行一時，直到一九二〇年代在洛杉磯發現天然氣為止。在佛羅里達州，這類太陽能熱水器也發展得很好，直到二次世界大戰後才輸給了電熱水器。到了一九七〇年代，許多國家又重新對再生能源產生興趣，以色列率先通過立法，強制在新建築上安裝太陽能熱水器。

現在有許多現代家庭的屋頂都安裝了太陽能集熱器。主要有兩種類型：平板集熱器，在設計上與早期的集熱器相似；以及真空管集熱器，這是以移除空氣的

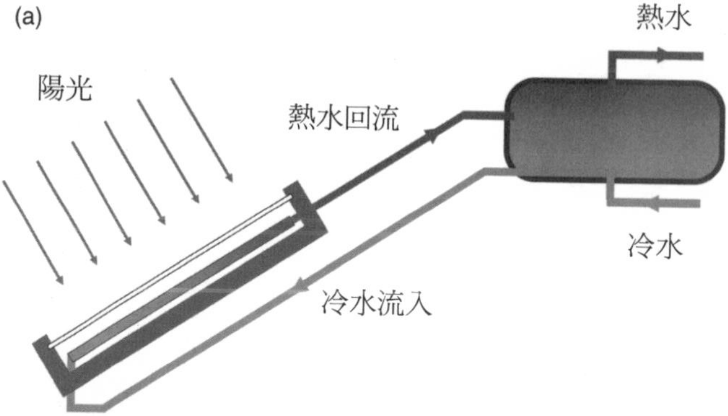

圖 9（a）熱虹吸系統；（b）在中國安裝於屋頂的太陽能熱水器。（照片提供：David Bergers）

透明管包住塗黑的水管，可減少對流中的熱量損失。現在全世界有三分之二以上的太陽能市場在中國，在所有新建案的施工過程中，都會使用這項技術以及良好的保溫絕緣材料，這將顯著減少建築物的碳足跡（carbon footprint），也就是一建物每年二氧化碳的排放總量。太陽能加熱也逐漸用在工業應用和區域供暖上。不過全球總供應量仍然很小，在二〇一八年時僅有四百太瓦時。

太陽熱能發電

一九一三年，美國工程師舒曼（Frank Shuman）首次在埃及將太陽熱能用於商業發電。他使用五個槽式拋物面反射鏡將陽光集中到輸送水的水管上，以產生的蒸汽來操作水泵機具，這可產生四十瓩以上的電力。英國和德國政府也計畫在他們的殖民地使用類似的機組來供電。然而，一次世界大戰期間對易於運輸的能源的需求強大，推動了石油探勘的迅速擴張，因此聚光式太陽能發電方式幾乎消失。等到一九七〇年代石油短缺，才又獲得青睞，第一批太陽熱能商業發電廠於一九八〇年代在美國加州的莫哈韋沙漠（Mojave Desert）開始營運，當時使用的是槽式拋物面集熱器。到了一九九〇年代，在加州的巴斯托（Barstow）建造了一套太陽塔系統（solar tower system），展示了如何儲存太陽能。這套系統擺出一大陣列的反射鏡，將陽光引導到中央塔頂一個裝有熔鹽的槽中。之後就將加熱後的鹽（溫度超過攝氏五百度）泵入到一個大型儲存容器中，將熱量傳遞給傳統火力發電廠的鍋爐，這電廠可產生十兆瓦的電力。在沒有陽光時，儲存槽中的熱熔鹽可以供應火力發電廠幾個小時的熱源（見圖10）。然而，到一九九〇年代，由於化石燃料成本下降，再加上獎勵措施取消，再度重創太陽熱能發電的發展，此後幾乎沒有任何顯著成長，直到二〇〇六年，西班牙和美國的政府各州又提出各種倡議，才重振市場。

在二〇〇〇年代，一般認為聚光式太陽能發電廠的發電成本比光電系統便宜許多。美國內華達州的新月塔發電廠（Crescent Dunes）（見圖11）就是當時設計

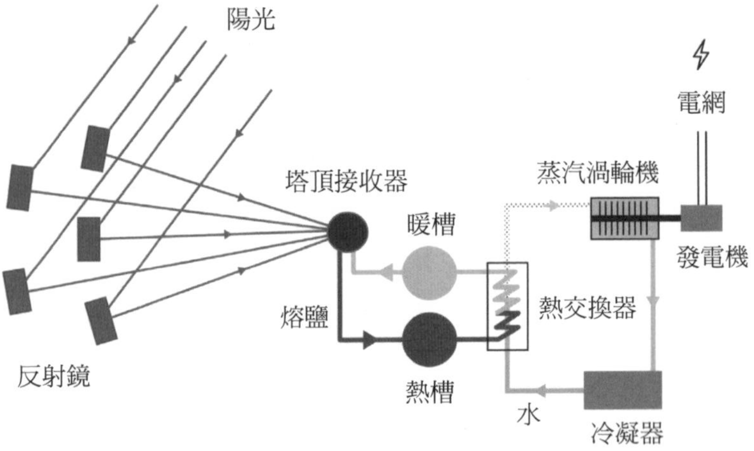

圖 10 集中式的聚光太陽能發電廠示意圖。熔鹽可循環使用，產生蒸汽來推動渦輪發電機。當太陽下山時，會將熱槽（565℃）中的熔鹽，泵送進蒸汽鍋爐，再送到溫槽（保持在 285℃，以防止鹽凝固）。

圖 11　發電量 110MW 的新月塔聚光式太陽能發電廠。（攝影：Jamey Stillings, Changing Perspectives–Crescent Dunes. https://www.jameystillings.com）

出來的，附近環繞有近一萬面反射鏡，可將陽光引導到兩百公尺高的塔頂接收器上。當時規畫要使用熔鹽來提供一百一十兆瓦的最大輸出量，並且有十小時的儲電量，是同類電廠中的創舉。但其高昂的造價成本也反映在電價上，達到每度十三．五美分，這與成本大幅下降的太陽光電相比，已不再具有競爭力（此外，還有技術問題影響其效能）。

因此，後來有些聚光式太陽能發電廠的計畫停擺，改而建造太陽光電場。從那時起，在高溫下運作以提高太陽能轉換成電能的效率，並且同時降低組件和存儲成本，就成為努力的重點。在美國，「射日計畫（SunShot Initiative）」的目標是在二〇二〇年將電力成本降低到每度六美分。

太陽熱能的展望

目前家用和工業用的太陽能加熱系統正面臨來自電力驅動系統的競爭，不過到二〇五〇年時，可望每年產生兩千太瓦時的電。聚光式太陽能發電的前景相當看好，儘管各別電廠的成本有所差異，而且電網收購價降低，但與太陽光電場相比，具有蓄熱功能的聚光式太陽能發電廠能夠在日落後供電，會是其顯著優勢，這是因為目前（二〇一八年）在電池中存儲電力要比使用熔鹽來存儲等量的熱能更昂貴。具備這樣的優勢，聚光式太陽能就有成為備用電源的潛能，增加其附加價值，而這也意味著這項技術仍然深具吸引力。二〇一九年，在摩洛哥，一座一百五十兆瓦的太陽能塔式儲能電廠，在營運幾個月後就超過原本設定的輸出量和儲能目標。目前中國正在大力投資，而在其他幾個陽光充足、天空晴朗的國家，如南非、智利、科威特、以色列、印度和沙烏地阿拉伯，也正在計畫或建設中。太陽能電廠對環境的衝擊相對溫和，特別是與燃燒化石的電廠相比。

研究和開發降低了成本，二〇一八年，在澳洲和杜拜都簽署了儲能電廠的合約，預計發電量能讓電價低於每度七美分。若是真能按照計畫運作，由於這些發電廠可以按照需求來發電，這對於整合風場和太陽光電場到電網中將有很大助益，同時又能維持較低的電力成本。二〇一〇年，國際能源署（International Energy Agency，IEA）指出，到二〇五〇年時，集中式的太陽能發電廠每年可提供約五千太瓦時，預計占全球電力需求的十%，而且從那時起，發電成本也會降低，這樣的預估看似相當合理。

水力發電

水力發電廠是使用渦輪機將從高處落下的水的能量轉換為電能，見圖12（a）。許多大型水壩使用的是法蘭西斯（James Francis）在一八四八年設計的渦輪機。在這種渦輪機中，會將水向內（而不是如第十二頁圖2所示的傅聶宏渦輪機那樣向外）引導到連接在轉軸邊緣的葉片上，從而轉動發電機。功率取決於水落下的高度和水流的體積。中國長江上的三峽大壩，見圖12（b），是世界上數一數二大的水力發電設施。這個大壩淹沒了一片山谷，形成一個面積約一千平方公里的水庫。大壩的水位在下游河流上方約一百公尺處，流量每秒約兩萬五千立方公尺，這可產生兩萬兩千五百兆瓦的龐大發電量。平均每年產生約九十太瓦時。在中國，這足以供應大約六千萬戶家庭的用電。在歐洲，這樣的電力則可滿足約兩千五百萬戶的家庭用電，而在美國，大約僅有七百五十萬戶，因為這些國家的能源消耗量更高。

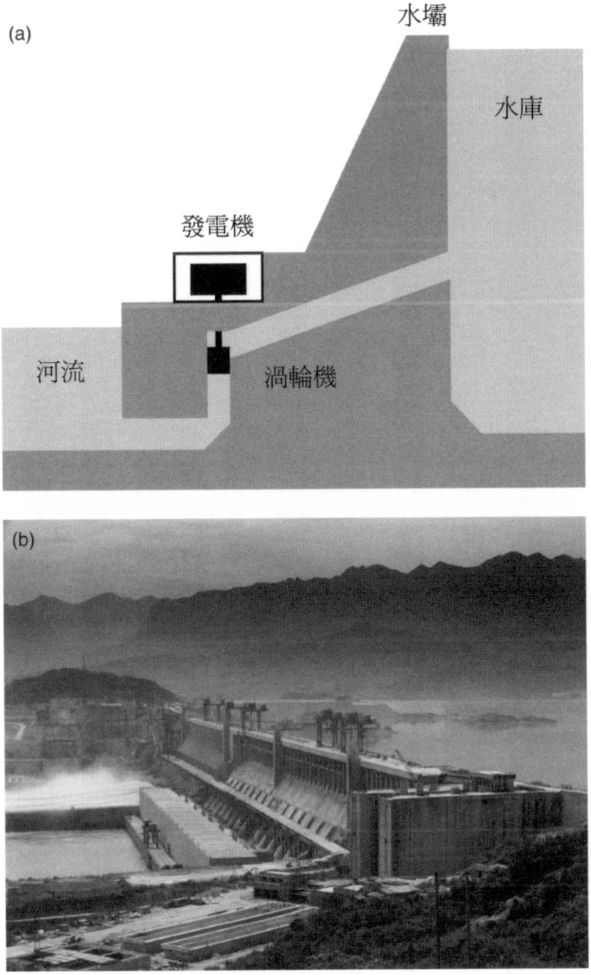

圖 12（a）水力發電廠。（b）中國三峽大壩。（照片來源：Avalon / Construction Photography /Alamy Stock Photo）

水力發電現已成熟，二〇一八年在世界各地的水力發電設施的總發電量約為四千兩百太瓦時，約占全球需求的十六%。水力發電的碳排量非常低，主要是來自於建築時使用的混凝土和鋼材，目前有許多水力發電廠已經運作五十多年，且運作成本低。它們是最便宜的能量來源之一，會用在能源密集型的製程，例如鋁的冶煉。

在高山上建造水壩所形成的水庫可以儲存電力。使用存儲的電能將水從下面的河流抽上來，送入水庫內。然後在需要時讓水流過渦輪機，排到河流中，就可以發電。像這樣的抽水蓄能電廠提供了全球九十四%以上的電力存儲；若是改造一些現有的水力發電廠，還可以提供更多的儲電。在澳洲南部，由於淡水資源稀缺，因此正在規畫抽取斯賓灣（Spencer Gulf）西北端附近的海水，當作抽水蓄能電廠。預計將有足夠的存儲空間來產生兩百二十五兆瓦電力長達八小時，這可從減輕在氣溫飆升時的用電尖峰壓力。

水力發電的環境和社會衝擊

雖然水力發電廠可以提供大量低成本、低碳的電力，但在評估一水力發電廠的興建是否合適時，需要將其所造成的嚴重社會問題和環境問題納入考量，特別是這樣的建造過程會讓人失去家園，引起水質變化以及對魚類族群和洪水的影響。一九五四年，長江的大洪水造成三萬三千人死亡，超過一百萬人無家可歸。在河上建造三峽大壩，或可降低這類災難性洪水的風險，但需要遷移一百三十萬人。據估計，全球有三千萬至六千萬人因為水力發電而必須舉家遷移。

目前世界上最大的水資源利用計畫是在撒哈拉沙漠以南非洲地區建立一座水力發電廠，估計那裡約有六億人無電可用，不過這項計畫遇到了其他阻撓。在剛果河口附近的印加瀑布，是一系列急流，在此河段就陡降了約一百公尺的高度，相當於一座三十層樓的摩天大樓。這條河的水量位居世界第二，僅次於亞馬遜河，潛在的總水量幾乎是三峽大壩的兩倍。這足以推動工業巨幅成長，讓數百萬人擺脫貧困。但是數十年來，當地的戰爭、貪腐、社會和政治動盪以及大規模的成本超支，造成這項計畫嚴重延宕。

此外，儘管大壩倒塌的風險很小，但後果可能是一場災難。在一九七五年，中國的板橋大壩因暴雨而倒塌，造成多人死亡。也有許多水壩的造價遠超過預算。較小的計畫，例如河流徑流，利用水位的自然下降來避免興建大型水壩和水庫，成本就會較低。但是，沒有大型水庫意味著它們的發電量很容易因為降雨變化而受影響，不過它們對環境的衝擊往往也小得多。氣候變遷已經在一些地區造成乾旱和更大的降雨變化，這引起了依賴水力發電的國家的關注。

在小規模或偏遠社區，若當地有流水供應，可以採用微型水力發電裝置（通常發電量為五至一百瓩），這是一項符合經濟效益的電力來源，而且能夠自給自足。在開發中國家，微型水力發電裝置比比皆是，例如，在安地斯山脈和喜馬拉雅山脈的偏遠社區，還有菲律賓、斯里蘭卡和中國的丘陵地區。由於在冬季日照量最低，而河流流量通常處於最高的狀態，因此可以在當地製造加曼水輪機

（Garman water turbine）這類微型水力發電系統，這也可以補充太陽能發電的不足。

水力發電的潛力

歐洲的水力發電資源已經獲得很好的開發，但在其他地方則還有很大的成長空間，特別是在亞洲、北美洲、南美洲以及非洲，這當中有些地區的勞動力成本低廉，也將會有一定助益。到二〇一五年時，預計全球約一萬五千太瓦時的潛力會實現約二十五％，國際能源署預估，到二〇五〇年時，水力發電的發電量將會成長近一倍——主要在開發中國家——可達每年約七千太瓦時，預計約可提供全球電力需求量的十五％。由於水力發電廠可以視需求開啟或關閉，因此有助於補償風場和太陽光電場的輸出變化；預計數量增加的抽水蓄能設施也能發揮此作用。

挪威和冰島等多山國家的大部分電力都來自水力發電。巴西和巴拉圭也是，這兩國共享世界第二大水力發電廠伊泰普大壩（Itaipu dam）的十四吉瓦（gigawatt，GW）電力，即一萬四千兆瓦（一吉瓦＝一千兆瓦）；這座大壩位於兩國邊境的巴拉那河（Parana river）上。然而，在水資源較少的國家，水力發電主要是在供應用電尖峰的需求。許多水力發電系統的發電量可以在改造和現代化後，提高約二十％的效率，這可能比直接推動大型新興建案更具成本效益，而且社會接受度也較高。進行減少水力發電對環境和社會衝擊的研究特別重要，不過這些考量亦必須在提供能源來提高生活水準的需求中取得平衡。

第四章

風能

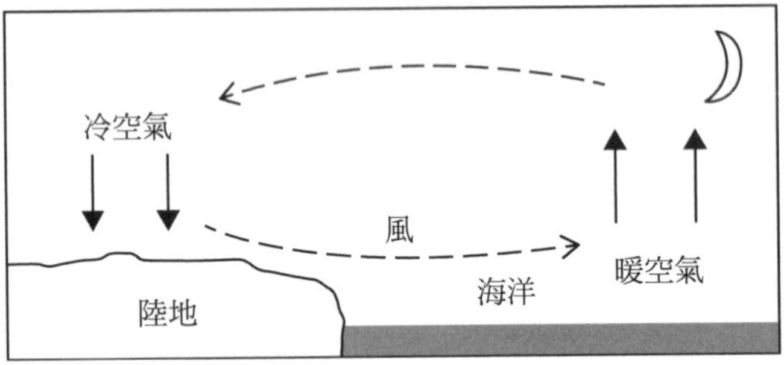

圖 13　夜間的海風。

風能源自於太陽。來自太陽的輻射主要是被陸地和海洋吸收，之後則加熱周圍的空氣。暖空氣會上升，當加熱不均勻時，便會造成空氣流動，這種運動就產生了風。在海邊，海洋比陸地更能保留來自太陽的熱量。因此，在晴天過後的夜晚，海面上會有一股暖空氣上升，這時會從陸地上方吸取較冷的空氣，因此產生吹向大海的風（見圖13）。以全球範圍來看，赤道的日照強度最高，這導致那裡的暖空氣上升，而冷空氣會從南北兩側流入。由於地球會自轉，因此在北半球主要是吹來自東北方向的風；而在南半球，這些風則來自東南部：這就是所謂的信風（trade winds），主要發生在緯度三十度以內。在這些緯度之外的區域，大約包圍整個非洲，空氣的大規模運動則產生西風帶（Westerlies）。不過各地區的實際風況主要還是取決於當地陸地和海洋的位置以及季節的影響。地球上有許多風力強勁而穩定的區域，正是在這些地區，可以善加利用風中的能量。

在一九七〇年代油價飆升時，開發風能資源來發電的腳步確實因此而加速。最初嘗試了許多不同的現代風機，有水平軸也有垂直軸的設計。那些有垂直軸的風機，通常看起來像是一個垂直的打蛋器，可以讓發電機更靠近地面，方便維護，但這會失去利用強風的優勢，因為高度越高，風速越強。若是整套機組偏大，它們的成本效益會比不上水平軸的機器：因為它們的葉片形狀效率較低，而且往往更重，因此成本更高。現在，大功率輸出的風機設計都以水平軸為主。

現代風機

典型的現代風機具有三個安裝在水平風軸上的葉片，每個葉片長約六十公尺，用於驅動安裝在塔頂上的發電機。塔高大約有一百公尺，相當於一棟三十層樓高的大樓，所以渦輪機是一座巨大的機器。每個葉片的橫截面就跟飛機機翼一樣，其運作方式就像是空氣在機翼上流動時所產生的一股上升力，渦輪葉片在受到經過的風所產生的推力時，便會旋轉。風在推動葉片轉動後，風速會變小，這是因為渦輪機組提取了風力，因此在機組下風處的風速會變慢。由於葉片相當寬，能夠擷取大部分的風能，但又不至於大到會構成障礙；因為大部分的風會被葉片前的氣壓轉移到渦輪機周圍，而不是推動葉片本身，使其轉動。在渦輪機上安裝三個葉片可以產生平衡的旋轉以及良好的性能——若是只有一個會不平衡，而兩個則會在葉片經過塔身時產生令人不安的閃爍效應，而四個以上的葉片僅會稍微提高發電量，不符合增加葉片造成的額外成本。

風機上的葉片乍看之下是在緩慢移動，它們僅以每分鐘二十轉左右的速度在旋轉，但由於葉片相當長，因此尖端的速度非常快——大約每秒一百二十五公尺，也就是時速四百五十公里。在這樣的速度下，靠近尖端的葉片寬度只需大約幾公尺寬即可擷取動力。靠近風軸的部分速度較慢，這也是此處葉片較寬的原因。由於葉片上的氣流方向會隨著長度變化，葉片從尖端到根部會產生扭轉，以直角來捕捉風，將運作功率最大化（在葉片上大約距尖端十分之一處的那一點位置上，葉片速度會等於風速，那裡的氣流與風向會呈現四十五度；離軸心越遠，氣流與風向的角度越大）。

葉片通常是由複合材料製成，因其具有輕量化和韌性高的特質。在早期的荷蘭風車中，風帆是由木材來支撐，木材是一種天然複合材料，在木質素中嵌入有纖維素纖維。目前，西門子（Siemens）是以輕木和環氧樹脂所強化的玻璃纖維來製造用於離岸渦輪機的葉片，有七十五公尺長。玻璃纖維會賦予其高強度，而且因為它們很薄，通常沒有散裝玻璃的缺陷。包裹它們的聚合物既能將受力轉移到纖維上，也有保護作用。

除了材質堅韌外，複合材料還具有出色的耐疲勞性能，能夠避免這方面的故障。疲勞（fatigue）是指一材料在重複的應力循環下會產生不斷擴散的裂紋，會讓材料失去大量的初始斷裂應力。當渦輪機的葉片轉動時，帶著自身的重量，會依序朝一個方向轉動，而在二十年的使用年限中，勢必要持續轉動約一億次，因此耐疲勞的特性非常重要。由於葉片是風機中成本最高的零組件，因此許多研究和開發都鎖定在尋找更好的複合材料上。例如，在複合材料葉片中，結合玻璃纖維和碳纖維，便大幅提高性能，足以抵消葉片成本的增加（見圖14）。

渦輪機處於秒速十二公尺左右的風力時，通常會產生最大功率，這在蒲福風級（Beaufort scale）的分級表上屬於「強風」，約莫是風大到難以撐傘的狀態。一座具有六十公尺長葉片的渦輪機將產生約四兆瓦（四千瓩）的功率，這稱為渦輪機容量（capacity of the turbine）。風的功率取決於風速的三次方，所以當風速減半時，只會產生八分之一（1/2×1/2×1/2）的功率，這就是為什麼地點的選擇如此重要的原因。颶風的速度可以超過每秒七十公尺，因此其威力是強風的兩百倍，這就是它們會造成毀滅性災難的原因。為了避免在強風時渦輪機損壞，會調整葉片角度使其無法捕捉風，使葉片停止轉動產生煞車的效果。

風機的部署

單座風機，無論大小，均可用來為家庭或社區供電。對小型風機來說，架設地點的高度尤其重要（最好在三十公尺以上），這樣才有經濟效益，平均風

圖 14　一座 8MW 的風機，配備有 88 公尺長的碳纖維和玻璃纖維所組成的複合材料葉片。這一座安裝在德國的不來梅港，可為大約一萬戶家庭供電。（照片提供：LM Wind Power）

速至少需要達到每秒五公尺，而且亂流要很小，才能讓葉片有效運作。目前，功率小於五十瓩的小型渦輪機數量正不斷增加，預計到二〇一五年底全球將超過一百萬台；其中約三分之二在中國，五分之一在美國。將它們部署在電網外的農村地區，可以提供電力或抽水，也可以取代柴油發電機。不過，在某些地方，來自太陽光電板的競爭可能會影響風電的成長。

風場

用於大型發電的風機通常安裝在風場中，擺放成一個陣列。會選在風力條件良好的地區，如裸露的山脊、高海拔平原、山口、沿海地區和海上。渦輪機間的距離要夠遠，才不會相互阻礙、干擾。就一台五兆瓦容量的渦輪機來說，在順風方向上要相隔約一公里，而在側風方向則是相隔三分之二公里。渦輪機塔高度越高功率越高，因為風速隨著離地面（或海面）高度的增加而增加，在一百公尺的高空比在十公尺處可以快上三十%。一座達到一千兆瓦容量的風場，需要的土地面積約為一百二十五平方公里，不過在渦輪機組間的土地仍可用於放牧或耕種。

不管在任何地方，風速都會變化，因此風場的實際輸出電量不會達到其預定容量，這個比例稱為容量因數。離岸的海上風場容量因數比較高，因為那裡的風力條件通常比陸地來得好，一般來說其容量因數通常是二分之一，而陸域風場約為三分之一。一片覆蓋約三十平方公里海域的風場一年可提供一太瓦時的電力，足以供應約三十萬戶的歐洲家庭使用。在陸地上，相應的面積約需要五十平方公里。

離岸風場

在人口密度高的國家，海上的離岸風場（如果有適宜的地點的話）會比陸域風場更容易為人所接受，因為渦輪機不會顯得那麼礙眼。此外，海上渦輪機可以做得更大，若是製造葉片的地方靠近港口，在從工廠運送到現場時，葉片尺寸就可以不受道路寬度的限制（參見圖15）。目前規畫在二〇二〇年代要將海上風機的容量提高到十五兆瓦。

沿海海域一直是離岸風場的首選，因為那裡的水較淺，渦輪機塔的建造成本較低，而且也更容易接入電網。近年來，海上渦輪機的地基建造有長足的進步，可以將鋼管，也就是所謂的單樁（Monopiles）打入海床約十公尺以上的深度，這項技術已在北海廣泛應用，以支撐渦輪機。在二〇〇〇年代初期，這些單樁直徑通常為二至四公尺，打在水深十五公尺處，到了二〇一八年，直徑可以達到十公尺，能夠在水深四十公尺處打樁。渦輪機在裝置時不能阻礙到原有的航道，或是干擾雷達裝置，不過即使有這些限制條件，在海岸附近仍有相當多的合適地點可供使用。英國每年的總電力需求是三百太瓦時，這可以完全靠海上風場來提供，而且僅占海岸五十公里內海域面積的五％。如果風場位於陸域，則需要一萬

圖 15　為一座發電功率 8MW 的海上渦輪機運送一片 88.4 公尺長的葉片。（圖片提供：LM Wind Power）

五千平方公里，也不過是英國面積的六％左右。

風況在離岸較遠的地方通常比較好，而且安裝在浮動平台上的風機還可以錨定在海平面上方，遠離陸地。這些裝置還是可以靠近電力需求中心，因為全世界大約有四成的人口居住在海岸線一百公里以內的區域。世界上第一座浮動式風場，是挪威國家石油公司（Statoil，已於二〇一八年更名為Equinor）的海威德（Hywind）風場，位於蘇格蘭阿伯丁郡（Aberdeenshire）的彼得黑德（Peterhead）外海二十五公里處，在九十到一百二十公尺深的水域裡，由五台六兆瓦的風機所組成，可為兩萬多戶家庭提供電力。它於二〇一七年十月開始運作，容量因數已超過六十％。這樣高的比例意味著它可望在電力需求尖峰期提供電力，也有助於將風場的電力輸出整合到電網中。這個風場還搭配有一個名為「電池風（Batwind）」的一．三兆瓦時（megawatt-hour，MWh，等同一千三百度）鋰電池，其最大輸出功率為一兆瓦，可用於協助處理風力發電的不穩定性，增加這類發電的價值。

海威德風場最初使用的是過去為探勘深海石油而開發出來的柱狀浮筒（spar buoy）形式，採垂直繫泊的漂浮方式——在長型空心直立式圓柱體下端裝重物，好讓另一端得以浮出水面。圓柱體的外部有接上螺旋葉片，以減少海流引起的振動，這跟在高空煙囪上的防振裝置類似，都是基於相同的安裝原因。圓柱的長度在設計上非常耐傾斜，因此柱狀浮筒成了支撐風機塔架平台的絕佳底座。柱狀浮筒的設計可用在高達八百公尺的深度，這等於是在全球開闢出巨大的風力資源。以歐洲的海域來說，風力足以滿足歐洲的總電力需求，而在美國兩百海里（約三百七十．四公里）的範圍內，甚至有潛力產生美國總需求電量的兩倍。

環境衝擊

風力發電基本上不會促成全球暖化，或是製造任何污染；只有在建造風場和運作時會用到化石燃料，這所產生的二氧化碳排放量相對較少。並且一座風場不用一年的時間，就可以生產出其製造過程中所使用的能源量。渦輪機發出的噪音通常只有在靠近建築區時才會引起民怨。在英國，對風場有礙觀瞻的問題引起了一些關注，不過在人口密度相似的德國，卻沒有構成問題。這可能是因為在德國有較多的風場是屬於社區的，而不是商業公司，這會嘉惠當地居民的年收入。在幅員遼闊、人口更為分散的國家，如美國，更容易找到合適的風場位置。除了更具成本效益外，目前也發現一些大型渦輪機在視覺上會比許多小型渦輪機組更容易為人所接受。

然而，在一項美國的初步研究中，確實發現渦輪機對鳥類構成一些威脅，平均而言，風機每產生一太瓦時的電力，就會造成約兩百七十隻鳥類死亡，不過這數量遠低於燃燒化石燃料的電廠所造成的傷害，這類電廠每製造一太瓦時的電所排放的污染，會進而導致約五千兩百隻鳥類死亡。若以此來推算整個英國的狀況，每年風場約造成一萬五千隻鳥死亡；這數字要如何權衡呢？一個方式是去比較被貓殺死的鳥，估計英國每年約有五千五百萬隻鳥遭到貓的獵殺。因此，風場的地點固然要選在遠離遷徙飛行路徑或關鍵棲息地，不過風場並不會對鳥類構成重大危險。對鳥類更大的長期威脅來自於氣候變遷。

風電成本

自一九八〇年代以來，全球風機數量的成長導致風力發電成本穩定下降，這是透過規模經濟和技術改進而達成的。特別是在低風速的地方採用較長的葉片，從而增加發電能力，提高容量因數。隨著全球產能的增長，風電成本自然下降，這種現象廣泛存在於各種科技中。

就風機這類新科技來說，總容量每增加一倍，成本就會降低約二十%；這種減少的比例關係稱為「學習率」（learning rate）。此一現象最初是在一九三〇年代的飛機製造中發現。在陸域風電發展上，從一九八五至二〇一四年的期間，學習率約為十九％，隨著累計容量從約一吉瓦增加到三百五十吉瓦，成本從每度五十七美分下降到七美分。到二〇一八年，有好幾個國家的風電投標價格約在每度三到五美分。這意味著，世界上已經有許多地方的陸域風電能夠和化石燃料發電競爭，這種情況稱為「市電平價」（grid-parity）。

在二〇一〇年代，離岸的海上風電迅速成長，在二〇一一至二〇一八年期間全球容量增加了六倍，達到二十三吉瓦，其中大部分新風機是架設在歐洲大陸外的北海。離岸風機可以造得更高更大，達到規模經濟。奇異公司（GE）推出的十二兆瓦的 Haliade-X，葉片長達一百零七公尺，體積巨大，海拔高度有兩百六十公尺，將於二〇二二年開始運作（見圖16）。由於海洋環境較為惡劣，而且鋪設水下線路的價格昂貴，因此離岸風場的建設成本高於陸域風場。所幸超大型風機的開發和大規模的風機部署，以及一些新科技的支持——例如用於製造原型零件的3D列印，以及使用無人機來檢查風機——皆對於不斷降低的風電成本有所幫助。在支持電網連接的情況下，到二〇二〇年代初，海岸線附近的離岸風場電

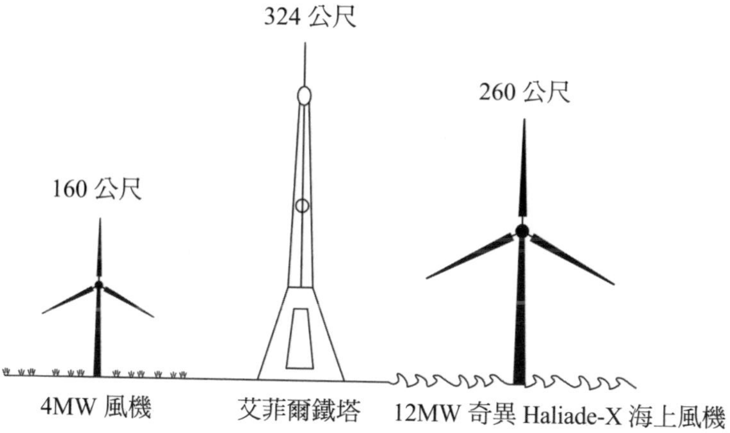

圖 16　現代的陸域型和離岸型風機的尺寸比較。

力，可望將與化石燃料發電機的電力一樣便宜，而浮動式風場則是預計二〇三〇年可達到此目標。

電力價格取決於風電的融資成本。風場的收入必須要能打平建設、營運和維護的成本，這還必須包含於風機使用年限（通常為二十年）間投注於建造資金的利息。利率——又稱折現率——對電價有顯著影響；例如，若是將利率從十二%降至四%，可以將價格降低近四十%。一旦達到市電平價，能與化石燃料發電一樣便宜，那麼利率有可能會降低，因為這意味著風力發電計畫的財務風險降低，不再需要補貼。隨著在海陸域進一步部署風機，預計價格也可望再度下降。

風場的電力輸出會變動，管理這種變動性需要成本。確切的花費取決於發電機的混合模式、不同地區間的互連性、可用的儲能量以及調度電力供需的能力。

全球風電潛力

全世界所有適合發展風電的海陸區域加總起來，一年可以產生的最大能量會有多少？根據美國國家再生能源實驗室（National Renewable Energy Laboratory）的計算，陸域的所有風場約可發電五十六萬太瓦時，而離岸兩百海里內的風場總計約三十一萬五千太瓦時。這項預估是假設風機的設定間距是每平方公里有五兆瓦的容量。就現今風場的規模和間距來說，這項假設是沒問題的，但是，如果風場覆蓋了大部分合適的區域，那麼將需要更大的間距才能讓風場內的風維持在高速。至於確切的數字則取決於實際部署的方式，這仍在調查中，不過總發電量有可能會縮減到約為十七萬五千太瓦時；然而即使如此，這依舊能滿足每年全球約十萬太瓦時的電力總需求。

若是要讓風機的發電價格具有競爭力，平均風速需要超過每秒六公尺，也就是會吹起灰塵，移動小樹枝程度的溫和微風。圖17顯示出全球風力足以安裝風機的陸地區域。許多國家都有風，具有發展風電潛力的有：北歐、中東的部

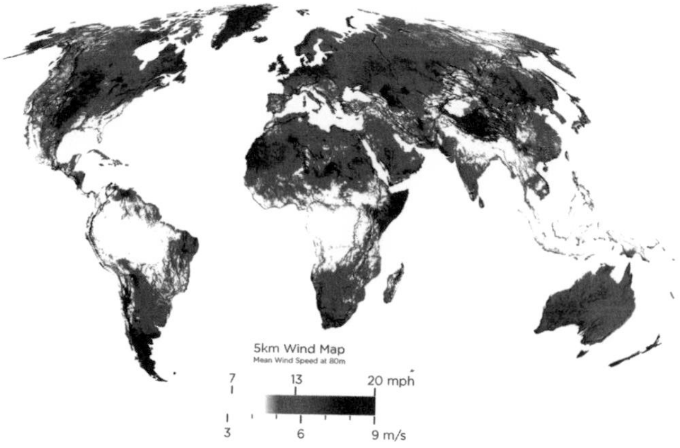

圖 17　全球陸地風速圖。（Copyright © 2015 Vaisala Inc）

分地區；中國西部和北部；東非和西北非；南美洲的南端一帶以及北美的中部。儘管需要投入額外資源來因應風力不穩定的問題，但預估在中國和美國內陸的風電潛力，都可輕易滿足各自的國內電力需求。而風力較差的地區則集中在非洲中部、南美洲中北部地區和東南亞部分地區。

風電展望

二〇一八年全球安裝的風機所產生的容量是五百九十一吉瓦，占全球電力需求的四．六%（見圖18）。在一些國家，風能所占的百分比要高出許多，如丹麥（四十三%）和烏拉圭（三十三%）。而容量最大的四個國家分別是：中國（兩百零七吉瓦）、美國（九十七吉瓦）、德國（五十三吉瓦）和印度（三十五吉瓦）。對於減少燃煤污染的渴望有助於中國風場的發展，不過巨大的風電容量也會造成輸電網的負荷超載；在印度，輸電容量也限制其成長。在歐洲，離岸風場

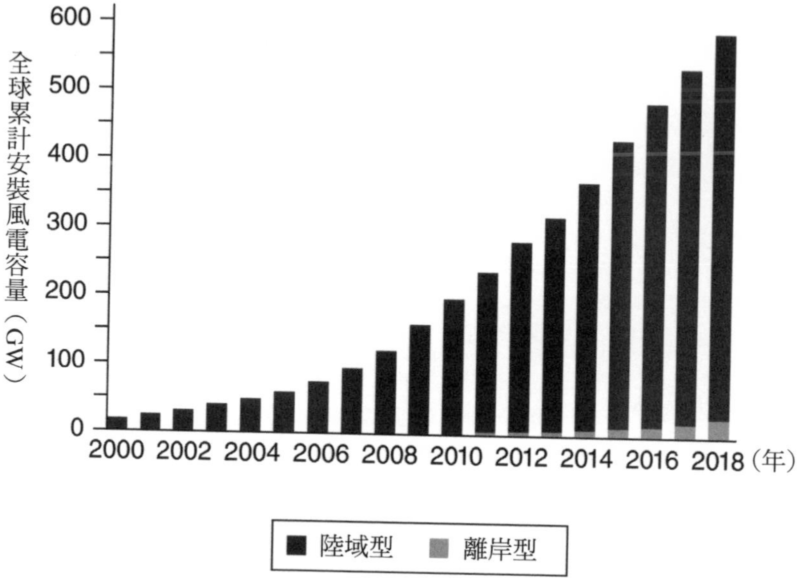

圖 18　全球風能。2018 年的離岸風電容量為 23 吉瓦，並以每年約 25% 的速度成長。2018 年，前四大離岸風電國為：英國（8.3 GW）、德國（6.4 GW）、中國（4.6GW）及丹麥（1.4 GW）。（資料來源：Global Wind Energy Council [GWEC]）

的設置一直在快速成長，到二〇一八年時，陸域和離岸風場總計提供了歐盟十四％的電力需求。在其他地方，風電也正在迅速擴張。

自二〇一〇年以來，全球風電容量以每年十五％的速度成長（見圖18）。二〇一六年，全球風能協會（Global Wind Energy Counci）預估，假設國際社會力圖實現氣候目標的承諾，那到二〇五〇年的平均成長率將會為七．五％。屆時將會安裝約五千八百吉瓦的風機，每年將產生約一萬五千太瓦時的電。這對於減少世人對化石燃料的依賴將有很大的幫助。

第五章

太陽光電

一八三九年，貝克勒爾注意到溶液中的電極會因為不均勻的太陽光照射而產生電流，這稱為光電效應。不過，一直要到一八七七年，才將這種效應加以應用，以硒（selenium，Se）元素製成固態電池。幾年後，一八八三年時，弗里茲（Charles Fritz）在美國製造出一種薄膜式的硒光電池。但它造價昂貴，而且效率很低，只能將大約一%的太陽能轉化為電能，因此並不能實際應用在發電上。在其他材料中也有發現光電效應，但由它們製成的光電電池效率也普遍偏低。直到一九四〇年，奧爾（Russell Ohl）在美國貝爾實驗室偶然發現了一種矽的光電裝置，才開始取得重大進展。這方法是以緩慢結晶的方式來製造矽棒，這會在一條一英吋長的矽棒兩端引起不同程度的雜質，而且不同的程度恰到好處，因此在以手電筒照射矽條時，可以觀察到光電作用。

一九五四年，矽電晶體的製造技術改進，將電池的效率提高了六%，大約是早期設備的十倍。這種電池是由貝爾實驗室的喬賓（Daryl Chapin）、富勒（Calvin Fuller）和皮爾森（Gerald Pearson）所發明的，目前公認是第一個實用的太陽能電池，而當時這項發現也引起一股討論熱潮。然而，這些電池造價不菲，因此僅適用於產業界的特定區塊，例如衛星的產線。等到一九八〇年代，後續的研發將成本降低，促進了太陽光電板在地面上的應用。在一九九〇年代，推出了鼓勵在屋頂安裝太陽能板的計畫，而到了二〇〇〇年代，又引入「上網電價（feed-in tariffs）」的計畫，催生出進一步的需求，日本和德國因此加速了太陽能電力的產業化。自二〇〇〇年以來，年均成長率接近四十%，這種成長導致成本降低，又進而推升需求。

中國在一九九〇年代後期開始為德國市場製造太陽能板，以因應全球對太陽能板需求的成長。後來，由於燃煤發電廠的污染日益嚴重，再加上對能源安全和氣候變遷的擔憂，中國自己的國內市場也在成長。中國在這方面的發展主要集中在結晶矽這項主導技術上；政府以貸款和稅收優惠等政策來支持公司建立大型的半自動化工廠，以大幅降低成本。在二〇〇六至二〇一一年這段期間，全球的生產線從日本、德國和美國轉移到中國，組件成本下降了三倍。到了二〇一一至二

○一八年的這七年間，又再度下降了三．五倍。

自從矽晶太陽能電池發明以來，經過了約六十年的時間，其效率提高到二十%以上，成本則下降了數百倍。要將矽製成太陽能電池的加工過程很複雜，現在的矽晶太陽能電池在經過大量開發和大規模生產後，電力產生成本已經可以與化石燃料相競爭。矽晶電池現在約占所有太陽能電池的九十五%。其餘的則來自其他光電材料，例如砷化鎵（gallium arsenide）和碲化鎘（cadmium telluride）。

矽晶太陽能電池的製造

太陽能電池要有良好的性能，需要以純矽當作起始材料，而在一九九七年以前，這些矽都是從電子工業的廢料中提煉回收的。但隨著全球需求量的增加，這種供應來源就顯得不足。此外，太陽能電池對純度的要求不像電子元件那樣嚴格，因此開始出現專門針對太陽能電池需求提煉矽的工廠。他們主要使用的方法是在電爐中以碳來還原石英（二氧化矽）。矽在經過化學純化後，再將其熔化，並添加非常少量的硼，製造出所謂的「P型矽（p-type silicon）」。

為了生產用於電池的晶圓，會在坩堝中將矽融熔，拉出一小條矽晶體，用以製造直徑約兩百毫米、長約兩至三公尺的P型單晶矽晶棒。一九一六年，化學家柴可拉斯基（Jan Czochralski）意外發現了這種方法，當時他不小心將鋼筆放在熔化有錫的坩堝中，而不是墨水罐裡，結果從中拉出一根單晶的錫線。另外一種做法，是將熔融的矽加以結晶，製造出多晶體的矽錠；這種作業程序的成本較低，但由於缺陷較多，所製成的電池效率略低。

然後使用鑽石切割線將P型矽晶棒（或矽錠）切成約一百七十微米（兩張紙）厚的薄晶圓。在晶圓正面的表面進行蝕刻使其粗糙化，以降低反射率。然後將磷擴散到晶圓上，形成一片非常薄的表面區域，也就是N型矽。之後，再以蝕刻方式去除磷玻璃，然後加上抗反射塗層。最後，使用導電銀漿以網印塗布方式將電池電極圖轉移至表面，形成金屬電極層，背面則均勻塗布鋁漿。表面也會加以處理，以優化集電效果。製造電池的挑戰一直以來都在於如何找到低成本的合宜方法，將在實驗室中研發出來的高效技術應用在大規模生產上。

矽晶太陽能電池的操作

矽晶太陽能電池是由一個厚的P型層所組成，頂部則覆蓋有一非常薄的N型層（見圖19），在N型層中，有些電子可以自由地從此處的磷原子中移動。當這些電子移動到P型層的區域時，會被硼原子所捕捉。這會在兩區的交界處產生一個內部電場——這個PN接面（p-n junction）就是電池得以運作的關鍵（早期實驗中，P和N分別代表正極和負極）。

當陽光照射在矽晶電池上時，P型區域中的一些電子會從光中吸收能量，然後在晶圓內自由移動。當這些電子進入內部電場時，會被捕捉到N型區域。電子在那裡積累就會產生電位差，就跟一般電池一樣，就可以驅動電流通過一設備（見圖19）。要讓電子自由移動所需的最小能量是一．一電子伏特（electron-volts，eV），這也決定一電池可以產生的最大電壓，對於矽晶電池而言，這電壓約為〇．七伏特。

一九〇五年，愛因斯坦發現光不僅表現出波的行為，還有粒子的行為——這稱為光子（photon）——其所具備的能量與光的頻率成正比。正是因為這項

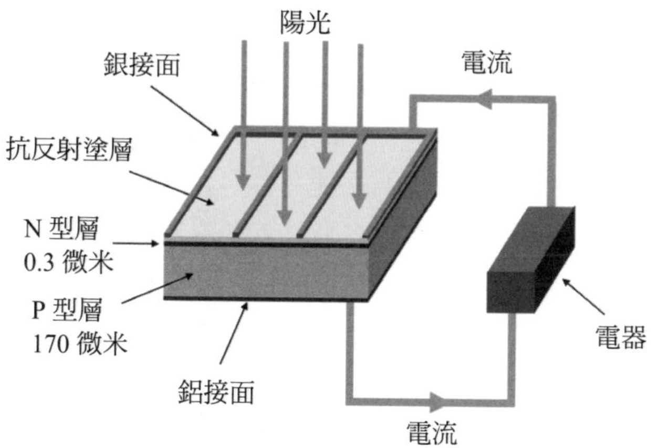

圖 19　為一電器供電的矽晶太陽能電池示意圖。

發現，讓他獲得一九二一年的諾貝爾物理學獎。太陽光是由一定頻率範圍的光所組成，當它照在矽晶太陽能電池上時，約二十五%太陽能的光子能量不足以釋放矽晶電池中的電子，而那些確實帶有足夠能量的光子，則會轉移所有的能量。若是電子獲得超過釋放它們所需的能量，這些多餘能量都會以熱的形式散失掉；這約占太陽能的三十%。另外一個不可避免的損失是「激發態電子的電磁波放射」所散失的能量，這大約占十五%；將這些損耗加起來，矽晶太陽能電池的最大理論效率約為三十%。在二〇一八年，矽晶太陽能電池的最佳效率已達到二十六．七%，這足以說明太陽能電池確實已有巨大進展。

需要更多能量來激發電子的光電材料能提供較高的電壓，但電流較小，因為太陽光頻譜中只有一小部分的光子有足夠的能量能激發此材料的電子；而那些需要較低激發能量的材質，儘管能產生較多電流，但電壓較低，因此整體輸出功率的提升幅度有限。矽晶太陽能電池的理論效率，已經接近單材料PN接面太陽能電池所能達到的最高效率。

太陽能電池的面積通常約為兩百四十平方公分，由於它們很薄且非常脆弱，因此會將大約六十片太陽能電池安裝在一鋁框中，上下再用玻璃板固定，這樣便組成一個太陽能電池模組。將這些電池串聯起來，工作電壓可達到約三十六伏特。再將一個或多個模組合併成一片太陽能板。一太陽能板的輸出功率取決於陽光的強度，在天氣多雲時會減少到晴天時的十分之一到三分之一。在熱帶地區，最大強度接近每平方公尺一瓩；一般來說，發電效率是在二十一％，換言之，一片單位面積一．四四平方公尺的太陽能板平均可產生三百瓦（watt，w）的電力（1,000x0.21x1.44）。

太陽能電池技術的發展

提高矽晶太陽能電池效率的一種方法是同時利用電池的兩個表面。這些雙面電池以鋁網格來替代鋁接面，並且讓電池頂部表面受光，然後將反射到背面的光能轉換。將這些電池安裝在能夠反射光的表面（如淺色石頭或白色混凝土）上方約一公尺處，輸出的電量最多可以再增加三十%，有可能會讓電價變得更便宜。

太陽能電池也可以用某些光電材料的薄膜來製造，由於這類製程所需的材料較少，有人認為這可能比矽晶電池便宜得多。不過由於矽晶電池成本迅速下降，大多數薄膜類型的電池都遭到淘汰，但還是有一些展現出效益。其中一種是鈣鈦礦太陽能電池（perovskite solar cell），從二〇〇九到二〇一九年，其效率大幅提高，從不到五%增加到二十四%以上。鈣鈦礦的晶體與礦物中的鈣鈦氧化物具有相同結構，目前已經用鈣鈦礦甲基銨三鹵化鉛（perovskite methylammonium lead trihalide）來製造電池，效果極佳。它會吸收能量大於一．六電子伏特的光子，並且只需要三分之一微米的厚度——這比矽晶電池薄得多。改變鈣鈦礦的成分就可以改變吸收的能量。鈣鈦礦薄膜的應用很簡單，而且同時適用在固體表面與彈性物質的表面上，目前也已經有商業化這款電池的計畫，這應該也有助於降低生產成本。

鈣鈦礦還可用於提高矽晶太陽能電池的效率，這項應用方式可能特別具有成本效益，只要在矽晶電池頂部裝上一層鈣鈦礦即可。在這種雙 PN 接面（串聯）的電池中，矽會吸收能量介於一．一至一．六電子伏特之間的光子，而鈣鈦礦則會吸收能量大於一．六電子伏特的光子。這種堆疊型電池（tandem cell）就像兩個串聯的電池，上面的電池以一．二伏特的電壓提供電流，下面的電池則以〇．七伏特來提供。這樣的電流大約是單一矽晶電池的一半，但可產生一．九伏特的電壓，是其兩倍多，因此效率可以從二十二％左右增加到三十％。二〇一八年十二月，由牛津光電（Oxford PV）公司製造的鈣鈦礦─矽堆疊型太陽能電池的效率達到了二十八％，高於單接面矽晶電池過去創下的二十六．七％效率的紀錄。由於效率提高的收益預計將遠高於添加鈣鈦礦層所增加的成本，因此這些堆疊型電池的電力成本可望比矽晶電池低很多。這間公司與牛津大學正在探索製造低成本三接面太陽能電池的可能性，這種電池會具有三種不同的鈣鈦礦層，可以吸收不同能量的光子，可望將效率提高到三十七％。

另一個正在進展的領域是在柔性塑膠基板上製造有機薄膜的太陽能電池。若是能善加利用印刷技術，就可以快速且廉價地印製出大面積的太陽能電池（其製程就類似於報紙印刷）。這些電池可以有彩色外觀，這一特性會讓建築界產生興趣。目前（二〇一九年），單接面電池的效率超過十六％，而堆疊型電池的效率為十七．三％。這樣的薄膜型太陽能電池模組重約〇．五公斤，相較於此，矽晶板每平方公尺重約十一公斤。隨著規模經濟的發展，這些特性可望成其附加價值，例如將其應用在貧民區的脆弱房舍。

環境衝擊

太陽光電在發電時既不會產生污染，也不會製造溫室氣體，可說是一種安全的發電方式。由於沒有活動的組件，因此維護工作相對較少，也沒有噪音污染，不需要用到水（除了一些清潔工作除外）。在生產過程中，會用到一些有害物質，但數量很少。只要制定出有效的保障措施和法規，製造太陽能板的風險可以維持在非常小的可接受範圍內。在歐洲，因面板設置地點不同，需要一年到兩年半的時間，才能生產出與製造面板時所使用掉的同等能源量。目前主要是使用化石燃料來當作生產的能源；不過由於面板的使用可達三十年以上，因此其發電的碳足跡僅為燃氣發電廠的十%左右，而且這百分比還會隨著再生能源發電量的增加而降低。然而，現在大多數面板都是在中國製造的，中國製造業的電力主要仍然來自燃煤電廠，而這些電廠的碳足跡大約是歐洲電廠的兩倍。

在陽光充足的地區，約十五平方公里的土地，每年可發電一太瓦時，這能夠為約三十萬戶歐洲家庭供電（相比之下，風場需要約五十平方公里的土地才能達到這樣的發電量）。不同於風場的渦輪機之間尚有空間，光電場會覆蓋掉一整片大區域。不過，可以將場址選在土壤較貧瘠的土地上，如棕地（brownfield，都市中閒置、廢棄或有污染之虞的工業用地）或是沙漠地區，以減少對農業生產的影響。另外還可透過將光電板融合到建築物中，減緩其造成的視覺衝擊，這樣還能節省營造成本，減少傳統建築材料的使用：現在已經有製成類似屋頂瓦片的太陽能模組，也有可以應用在窗戶上的類型。

太陽光電場也不見得一定要蓋在陸地上——浮動式裝置目前也在開發中：中國在湖面上建造了一個四十兆瓦的太陽能電場。這樣可說是一舉數得，既不會影響土地使用，還可避免面板過熱的問題，保持發電效率。沿海地區也是可以考慮的場址。

矽晶太陽能電池經濟

在二〇〇六至二〇一八年這十二年間，太陽能電池最顯著的一項發展是成本急劇下降，大約有十一倍之多（見圖20）。成本的計算是以一個模組在充足陽光下（每平方公尺一瓩）產生一瓦的功率，即一峰瓦（Watt peak，Wp）為單位。

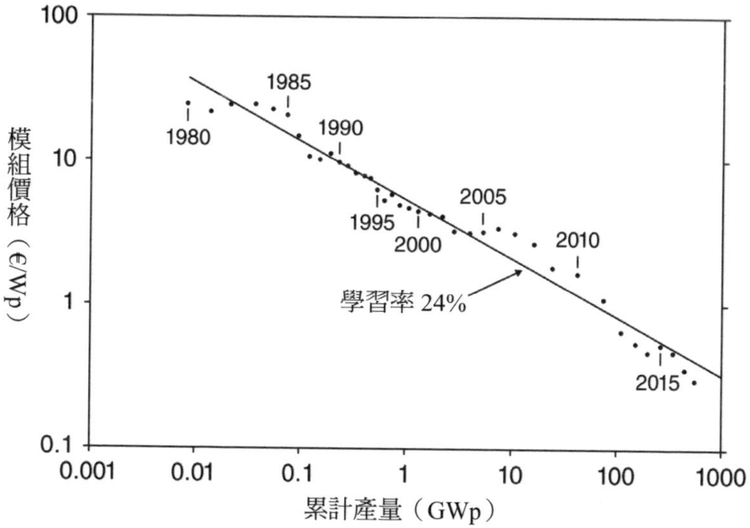

圖 20　1980 ～ 2018 年太陽能組件的學習曲線。（資料來源：Fraunhofer Institute for Solar Energy ISE）

成本已從每峰瓦約三・五美元降至〇・三美元，因此，在二〇一八年，一個在充足陽光下產生三百瓦功率的模組成本約為九十美元。目前大約有九十五％的模組是以矽晶為基礎材料。

在過去十年間，效率從十五％提高到二十一％，而成本主要是透過使用更薄的晶圓、減少銀的應用、開發量產製程以及規模經濟來降低的。如圖20所示，學習率是二十四％，即全球產能每增加一倍，成本降低的百分比。這趨勢符合史旺森定律（Swanson's law），這項定律預測百分比會下降二十％（在二〇〇六年左右之所以上漲是由於當時出現矽短缺的問題）。太陽能板系統的成本不僅取決於模組的成本，還會受到結構和電子元件以及安裝成本的影響。這些模組外周邊零組件成本現在約占大型光電場成本的三分之二——由於在組裝過程中改用機器人來作業，已經降低了成本；不過在住宅系統將可節省更多，主要是透過將太陽能面板納入建物材料所減少的成本。

電力成本最主要是取決於太陽能板系統的成本和太陽能的強度。在美國，公用事業規模的電力成本在二〇〇九至二〇一八年期間下降了大約八倍：成本從每一度三十六美分下降到四．五美分，現在比煤炭發電還便宜，大約與天然氣的價格類似；這些化石燃料工廠的成本在每度電四到十四美分之間。然而，太陽光電場的發電量還是有不穩定的問題，而要管理這些變數也有另一項成本。就跟風場一樣，最終這取決於發電機的混合搭配方式、與不同地區的連結、可用的儲能量以及調度電力供需的能力。由於太陽能發電取決於日照量，因此在陽光不足的地區和國家，電費通常會更貴。

由於成本大幅下降，推廣太陽光電所需要的補貼越來越少，現在我們看到的價格是透過拍賣所決定的。技術改進和拍賣競價皆促使電價在二〇一八年下滑，在埃及、印度、沙烏地阿拉伯、阿聯酋（杜拜）和美國（德州）的電費，跌至每度二至三美分。調降借貸成本和推行優惠補助政策也有助於穩定價格。到二〇三〇年，每度二至四美分的價格很有可能遍及全球。

全球太陽光電潛力

圖21這張世界地圖顯示出每年每平方公尺在一個固定表面上接收的太陽能，大約以所在緯度的角度來當作面板的傾斜角，能最有效捕捉到直射陽光，在北半球要朝向正南，南半球則是朝向北方。而在固定式裝置中，太陽能面板的方向也是與此類似，會調整到能夠收集最佳光線為主。太陽光電幾乎可以為所有人口稠密地區的電力需求做出重大貢獻。

從此圖可以看出，和中歐國家相比，熱帶地區國家的日照變化約為兩倍。在美國西南部，每一峰瓩（kWp，即一千峰瓦）的面板每年可產生約一千七百度（瓩時）的電；在孟加拉和奈及利亞則是一千四百度；而在西班牙和日本，則為一千三百度，到了德國，只剩約九百二十五度。這些量通常以比例表示，以一峰瓩的面板連續運作一年（即八千七百六十瓩時）當作分母，實際產生的電量當作分子，計算出所謂的容量因數。因此，在美國西南部，容量因數約為十九％，在

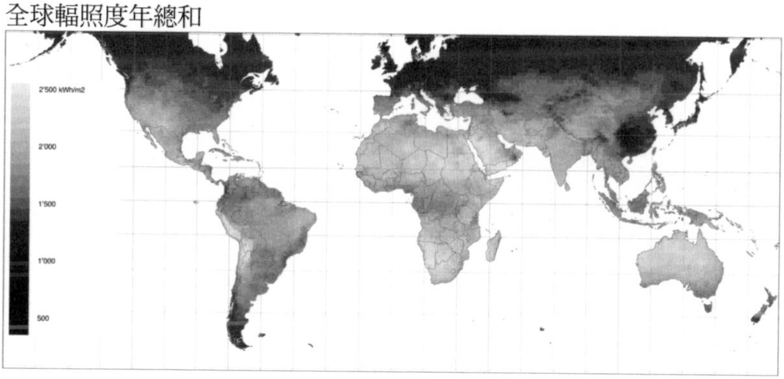

圖 21　全球年均日照量，單位為瓩時（度）／平方公尺——中國中南部地區偏少，主要是因為那裡多雲且時常陰天。（資料來源：www.meteonorm.com）

德國為十一%，這些數值也會反映在不同的電力成本上，二〇一八年在美國約為每度三美分，在歐洲則為每度四・五歐分（1€≈1.1$）。

要估算太陽光電對一個國家能源需求的潛在貢獻，需要先評估合適的光電場區域。在選擇太陽光電場的場址時，必須排除都會區、森林、冰雪覆蓋區、保護區和山區。農業用地只有一小部分是適宜的，不過草原、荒地和沙漠等區域的適宜比例就大上許多。最近對這些地區的潛在發電量預估是，若在這些地方安裝面板，每年可產生六十萬太瓦時的電，大約是世界最終能源總消耗量的六倍。此外，屋頂面板的電量也可預期將相當可觀：在美國，國家再生能源實驗室預估，目前有四十%的電力需求可以透過這種方式來滿足。

太陽光電的成長

在全球各地，增加大部分光電發電容量的方式都是透過建立大型光電場來達成，例如圖22所示，這是在中國青海省的一處光電場，其電容量可能超過五百兆瓦（面板可以安裝在單軸的太陽能追踪器上，這相對於固定方向的面板會增加約二十%的輸出量，不過當面板比追踪器便宜時，這麼設置就不划算）。住宅系統的太陽能發電裝置也在穩定擴張中，現在，民間屋頂裝置的電力成本通常與美國和德國電網的電價相當。這些系統可以讓屋主將多餘的發電量賣回電網，這稱為淨計量電價（net metering），或是將其儲存在電池中，供應晚上的用電。全球

圖 22　中國青海的格爾木太陽能園區的光電板。（照片來源：iStock.com/zhudifeng）

約四十%的容量成長來自分散式系統，而不是光電場。不過也有人擔心這套淨計量電價計畫，因為這將維護電網的負擔全都算在那些沒有裝太陽能板的人身上。

在亞洲和撒哈拉沙漠以南非洲地區的發展中地區，除了太陽能板提供給電網相當重要一部分的電量，還有來自屋頂太陽能的分散式發電，以及為沒有電網或電網品質較差的地區設置的微型電網所產生的電量。目前有近十億人（占世界人口的十三%）仍然無電可用，主要是在撒哈拉沙漠以南的非洲地區（六億人）和印度（兩億人）。在撒哈拉沙漠以南非洲地區，由於兩個村落間的距離太過遙遠，在其間建立電網的成本非常昂貴，即使在一個村莊接上電網，一般家庭也付不起接電的費用。隨著太陽能板的成本迅速下降，有更多人能負擔得起這種乾淨的電力（見圖23）。現在，許多家庭都擁有太陽能，並且能享用高效和廉價的LED照明和電器等現代能源帶來的服務。隨著電池成本的下降，以電力來烹飪將日益普遍，也不再需要在夜間以柴油發電機來供電。

以手機預付卡（pay-as-you-go，PAYG）搭配行動網路銀行，對於那些資金很少的人來說，要支付這些系統變得容易許多。不過要確保這些舉措的資金提供並非易事，而且電力也還沒有嘉惠到貧困人口。在同時進行離網和電網擴展的地方，需要有相互配套的措施，這時政府的參與就極為重要，好比說在奈及利亞的狀況。在印度，雖然城市和大多數村莊都有連接到電網，為學校和公共機構提供電力，但村莊中通常仍有許多家庭負擔不起或不想接電，因為供電的情況通常不穩定。在這種情況下，家用太陽能發電和微型電網可以提供更可靠的供電。

圖 23　馬拉威的太陽能板手機充電站。（照片來源：Joerg Boethling / Alamy Stock Photo）

在孟加拉，有上百萬戶的家庭擁有太陽能家電系統，其中許多還在微型電網上進行電力交易，使用區塊鏈來確保訊息的安全交換，這也有助於平衡供需。

太陽光電的前景

在世界各地已經有些地方的光電場達到公用事業規模，發電成本現在比化石燃料發電廠還要便宜，新的發電機使用光電的比例越來越高。二〇一八年，光電場發電量總計達到一百吉瓦，相當於所有非再生能源發電機所增加的發電量。這其中，中國占主導地位，發電量達到約全球三分之一的產能，而中國和印度在這方面充滿雄心壯志，都制定出擴大光電生產的計畫。不過兩國都需要將其電網升級，以適應不斷成長的再生能源發電。太陽能發電成本的急劇下降，已在取代煤炭發電上扮演輔助的角色，一些擬建的電廠被取消。不過這兩國仍在繼續興建煤電廠，因為這比太陽能發電場更容易接上電網，以滿足地方不斷成長的電力需求，這難以靠一座太陽光電場供應，除非電場配備有存儲或其他備用發電設施。在其他國家，也出現光電供電擴張的態勢（見圖24），隨著電池儲能成本的下降，對太陽能板和儲能設備的投資正在迅速增加。

在二〇一八年，太陽光電提供了全球二．一%的電力需求。雖然這比例仍然很小，但二〇一八年全球太陽能板的產量約為一百吉瓦，預估每三年會成長一倍。弗勞恩霍夫協會（Fraunhofer Institut）在二〇一五年預估，到二〇五〇年，全球的太陽能發電量可能高達一萬五千吉瓦，每年產生兩萬太瓦時；而且在大規

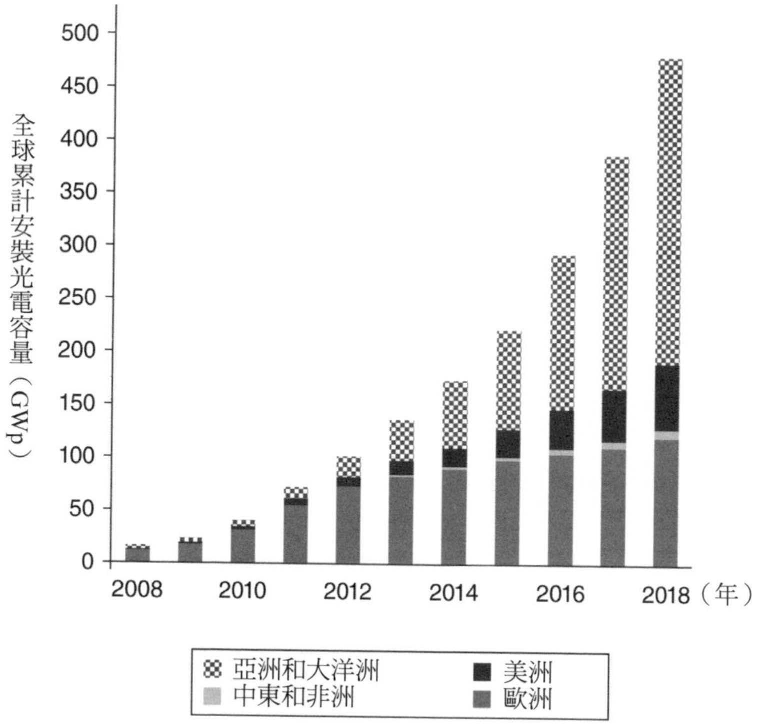

圖 24　全球裝置的光電設備發電量。2018 年，在亞洲和大洋洲市場，中國占 64%，日本占 20%，印度占 10%，在美洲市場，美國占 79%。（資料來源：IRENA, International Renewable Energy Agency, Renewable Capacity Statistics 2019）

模投資後，面板的部署會取得突破，上述這些發電量可能會再增加一倍。如此巨大的成長又會再進一步降低太陽光電的成本，可望在中國、印度、北美和南美、非洲和其他地方的數百萬用戶提供負擔得起的電力。

第六章

其他低碳科技

傳統的再生能源（生質能、太陽熱能和水力發電）預計到二〇五〇年時，每年可提供近三萬太瓦時的電量，而風機和太陽能板，若是能獲得大量投資，亦可分別產生一萬五千太瓦時和高達四萬太瓦時的電力。換言之，到二〇五〇年時，再生能源供應總量將接近每年八萬五千太瓦時，這約是當前最終能源總消耗量的八十五％。那其他再生能源、潮汐能、波浪能、地熱能以及核能和碳捕捉等低碳科技又能對此做出什麼貢獻？

潮汐發電

海洋之所以有潮汐起伏，是因為月球對地球近側海洋的引力稍大，而對遠側引力稍小，一邊超過保持地球和月球相互繞行所需的引力，一邊則是低於這樣的引力。最後造成的結果就使得海平面的兩側略高（而中間略低），升高的水體重量補償了引力的差異。隨著地球自轉，這些高起的海平面每天會引起兩次潮汐，海平面的變化稱為潮差，約在〇．五公尺左右。根據太陽的相對位置，太陽的拉力會增加或減少，其幅度約在二十％左右，從而產生漲潮和落潮。不過，若是在海水的自然震盪週期與地球自轉週期相搭配的期間，潮差的範圍可能會大上許多，好比是在大西洋海盆以及一些海口和河口。如果當地的海灣呈漏斗狀，那麼還會進一步擴大潮汐的範圍，因為寬度的減小會導致進入的海潮上升而流出的潮汐下降。

潮差大的地方是設置潮汐發電廠的理想選擇。最早的發電廠就是潮汐磨坊，其中一些甚至可以追溯到十世紀之前。到了十八世紀，在倫敦泰晤士河上有潮差的地方已經蓋有五十多處。還有其他許多磨坊則散落在大西洋海岸線周圍，曾經有七百五十座在運行。磨坊有一個蓄水池，當潮水來臨時，水池就會被填滿。在退潮時，水會透過水輪而排出，通常是帶動用來研磨玉米的石臼或是鋸刀。這類型的潮汐磨坊約可生產十瓩的電力，但若是將潮差大的河口封起來，形成一個巨大的蓄水池，有可能產生大量電力。

第一項利用潮汐的大型發電廠計畫在一九二〇年提出，選在美加邊境的芬迪灣（Bay of Fundy），因為當時在那裡發現了世界上最大的潮汐，潮差範圍約達十七公尺。預計在塞帕薩馬誇迪灣（Bay of Passamaquoddy）興建一系列水壩，並以三百五十兆瓦的發電廠隔出兩座蓄水池。但是一九二九年發生華爾街股災，再加上對整個興建成本及其對環境衝擊的擔憂，最後這項計畫胎死腹中。然而，在潮差相似的法國北部蘭斯（La Rance）河口的攔水堤壩（barrage）計畫（見圖25）確實在一九六六年取得成果，並且從那時起已產生約兩百四十兆瓦的發電量。二〇一一年，韓國的始華湖潮汐發電廠竣工，有兩百五十四兆瓦的發電量，是當時世界上最大的潮汐發電廠。

英國擁有可觀的潮汐資源，其中最大的在塞文（Severn）河口。那裡的潮差約為十四公尺，潮汐流量可讓攔水堤壩產生約八千六百兆瓦的電力。自一九二〇年代以來一直在討論這項提案，但在二〇一〇年最後一次提出時遭到否絕，原因是擔心成本過高，並且會對塞文的生態系造成重大衝擊。雖然攔水堤壩會減少河

圖 25　法國北部的蘭斯潮汐攔水堤壩發電廠。（照片來源：Universal Images Group North America LLC / DeAgostini / Alamy Stock Photo）

水流量，但這一點反而會增加生物多樣性，只是它會影響到潮間帶，而潮間帶是鳥類的重要覓食地。有人提議在塞文河口的斯旺西（Swansea）建造一個潮汐潟湖（tidal lagoon），其發電量約在三百二十兆瓦，且對環境的負面影響較小，因為它不至於阻塞整個潮汐流。然而，在二〇一八年這項計畫也遭到英國政府拒絕，理由是過於昂貴，特別是與北海的離岸風場相比，毫無經濟優勢可言。目前，英國對於潛能資源的開發方案，反倒是專注於潮汐流（tidal stream）的計畫上。

潮汐流發電廠比攔水堤壩或潟湖更便宜，而且經濟效益可能更高。它們是由位於潮流強的水域的水下轉子（rotor）陣列所組成；轉子基本上可說是風機的水下版本（見圖26）。這項計畫正在芬迪灣的米納斯灣（Minas Passage）以及蘇格蘭北部的彭特蘭灣（Pentland Firth）進行。在這處海灣，最大潮汐流可達每秒五公尺，將所有的渦輪機完全安裝好後，可產生約一千兆瓦的發電量。不過，由於環境惡劣，再加上海水有腐蝕性，要能夠製造出具有經濟效益又能持久運作的轉

圖 26　在蘇格蘭彭特蘭灣，為執行「梅根潮流發電專案（MeyGen）」，將一個直徑 18 公尺的 1.5 MW 潮汐流渦輪機垂放到海中。（照片提供：Simec Atlantis）

子是一項艱鉅的技術挑戰。然而，其電力輸出量是可預測的，也是可靠的，而且這裡的渦輪機在滿足電力需求的同時，也可為低碳做出一些貢獻。

潮汐能的潛力

沿海附近的全球潮汐能資源約有一百萬兆瓦的發電量潛能，但實際上可用的量很少，主要是因為能夠興建潮汐發電廠的位置非常有限：需要潮汐範圍大於約七公尺，電廠的水流速度必須超過每秒兩公尺才符合經濟效益；而且潮汐能只能滿足世界年度電力需求的幾個百分點（約五百太瓦時）。在海洋洋流中，還有其他更多能量，例如墨西哥灣流（Gulf Stream），但由於難以接近，因此要利用這些洋流顯得非常困難和昂貴。

波浪能

波浪主要是風在經過水面時因為摩擦和氣壓而將能量傳遞出去時所引起的。典型海浪的波長（即波峰之間的距離）約為一百公尺，振幅為一至一．五公尺。它的功率在每公尺波前三十至七十瓩的時候最高，大部分能量都在水面以下四分之一的波長內。功率取決於振幅的平方，因此一道十公尺的波所產生的功率是一公尺的波的一百倍。這樣的特性好壞參半，因為要從中來提取能量，就得打造能夠放在極端波浪中的強韌發電裝置。

從到達海岸線的海浪中大約可取得兩百萬兆瓦的電，而世界人口大約有四十％居住在離海岸線一百公里的範圍內。這足以滿足他們所有的電力需求，因此這樣的潛力吸引了許多發明家，在一七九九年就有人取得第一項設備專利。

然而，由於海上條件惡劣，難以利用波浪中的能量，而且又有其他更便宜的替代能源，因此在一九七〇年代以前，波浪能的技術發展都沒有什麼進展。之後，由於油價上漲，促使世人對再生能源進行了大量研究，製造了許多波浪能發電的設計和原型，但大多數都因為成本太高或不夠堅固，無法承受猛烈的風暴而遭拋棄。在一九七〇年代出現了沙特鴨（Salter Duck，或稱愛丁堡鴨或點頭鴨）這項知名設計，它可漂浮在水面上，隨波來回搖擺。它有一個凸輪形的橫截面，後面是圓形的表面，因此很少會有入射波會透過它的搖擺運動而傳播出去。沙特鴨的效率很高，但在一九八〇年代的小規模試驗後一直沒有取得進展，當時因為油價下跌，世人對再生能源的興趣減弱，相關資金都轉而支持風能和核能的發展。

波浪能的前景

在一九九〇年代後期，隨著全球暖化的證據日益增多，對低碳能源的需求，再加上石油和天然氣價格的波動，開發波浪能的技術研究又再度受到青睞。目前的重點放在小型設備上，不過後來發現要設計出經濟實惠的設備非常困難，有好幾項計畫因為無法籌集足夠資金而停滯。將波浪能轉換器置於水下，保護設備免受暴風雨侵襲，或許會是一項有效的解決方案。在近岸大約十至二十公尺的深度，由於波浪遭到破壞，波浪的高度受到限制，而且條件比遠海更穩定，因此在近岸部署設備可避免受到極端海浪的衝擊，同時也降低傳輸到岸上的成本。在澳洲西部外海的卡內基CETO系統將會放置一系列的大型浮筒在水深兩至三公尺處，每個形狀類似扁平的球體，直徑約二十公尺，厚度五公尺（見圖27）。當波浪經過其上方時，浮筒會上下起伏，這種運動會泵出驅動發電機的流體。這可以在波浪傳播的任何方向上收集能量。在瑞典索特內斯市（Sotenas）外海的海基一號（Seabased 1 MW）陣列也使是應用類似的原理（不過此處的浮筒是在海水表面，而將發電機裝置在海底），這套陣列已於二〇一六年開始運作。

另一種保護波浪能轉換器，避免遭受風暴衝擊的方法是將一台發電機安裝在海平面以上的開放管道中，讓這條管道下降到水面以下。波浪起伏會導致管道

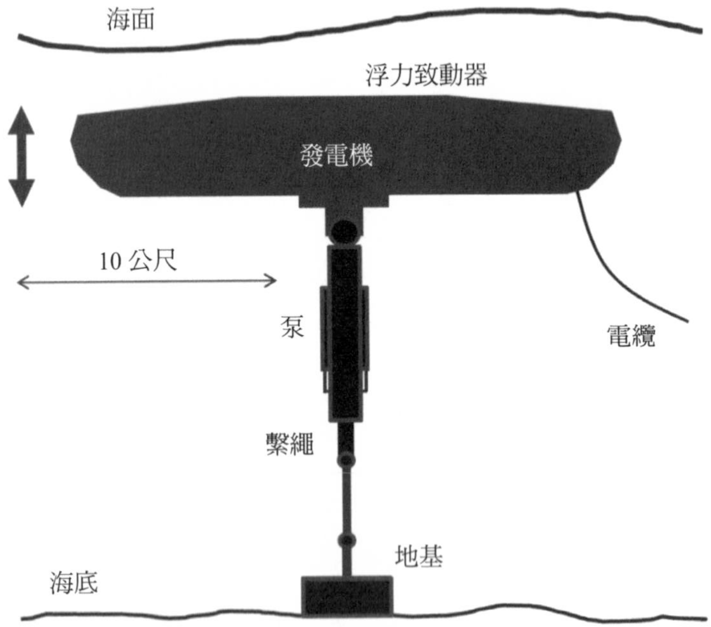

圖 27　卡內基的 CETO 波浪發電系統。

內的水面升降，迫使空氣來回流動，經過渦輪發電機。在威爾斯渦輪機（Wells turbine）中，有特別設計翼型葉片的排列方式，使其無論在何種方向的氣流下，都以相同的方式旋轉。這些震盪的水柱裝置可以併入防波堤；西班牙北部穆特理庫港（Mutriku）的三百瓩電廠就是一個例子。搭配可以廣泛部署的水下設備，這些技術似乎正在成為首選方法。然而，這依舊難與成本迅速下降的風能和太陽光電競爭，而且發電量可能連當前全球電力需求的二％，也就是五百太瓦時的電力都達不到。

地熱能

地球內部的溫度約為攝氏四千度。這是來自放射性元素（主要是鈾和釷）在衰變時釋放出的熱量，以及熔融岩石在凝固結晶時產生的熱量。熱量會透過地函傳導，在距離地表十公里的範圍內，有大量溫度高達攝氏三百度的熱岩石，這代表著一股龐大的熱能儲存。地熱資源可以永續地供應世界能源需求量的一半左右，但要開採這股儲存在地下深處的能量非常困難。

傳統上，地熱發電廠位於自然熱源附近，但由於難以長距離輸送熱量，地熱能的應用通常侷限在靠近熱源且有電力需求的位置。世界上地質活躍的地區，如冰島、美國加州、義大利和紐西蘭，都靠近板塊交界處。在這裡，岩漿更靠近地表，地殼會自然破裂，冷水滲入熱岩後，會以高壓蒸汽、蒸汽和熱水的混合物，或溫泉等形式逸出。這些自然產生的噴射蒸汽（間歇泉）和溫泉提供了現成的熱能來源——在冰島，十分之九的房屋都依賴地熱。

地熱能可用於區域供熱、工業和農業用途，但也可用於發電。圖28顯示冰島的克拉夫拉（Krafla）地熱發電廠，其發電量約為三百兆瓦，熱水的電容量約在一百三十兆瓦。

圖 28　冰島的克拉夫拉地熱發電廠。（照片來源：Ásgeir Eggertsson - Own work, CC BY-SA 3.0）

地熱能前景

目前這些地熱發電廠所提供的能源僅占少量，但能夠以具有經濟競爭力的價格滿足約〇．二五%的全球最終能源需求，預估到二〇五〇年時可能達到三%（每年三千太瓦時）。不過，地球還蘊藏有更多的熱能可供「開採」，在距地表約五公里深度的地方發現有攝氏兩百五十度的岩石區，這可以透過鑽孔的方式進入。熱岩能量的開採，僅能在深度小於十公里的範圍內，一旦超過，就會因為高壓和高溫而難以堵住孔洞或裂縫。在美國，估計地熱資源的潛力超過三十萬兆瓦，約占當前總發電量的四分之一。

乾熱岩開採的發展

開採熱能的方法是將地下的岩石碎裂，讓水能夠滲透進去流經熱岩，採用類

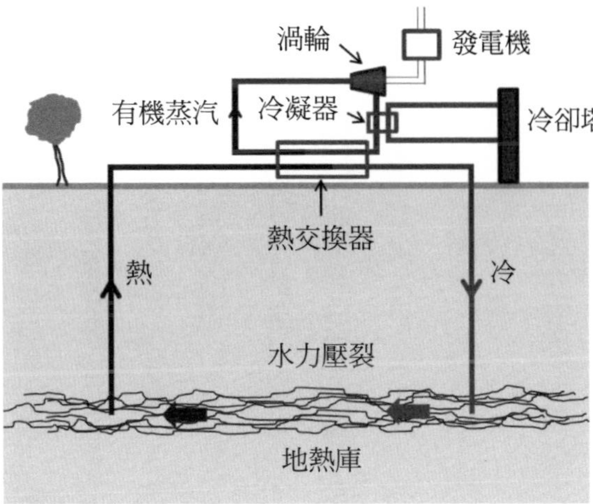

圖 29　乾熱岩地熱發電廠示意圖。

似開採地熱源的方式，來獲取能量。一般來說，會有一口注入井和一口提取井，中間是以壓裂區將其在水平方向上區隔開來（見圖29）。開採地熱最大的困難是岩石的導熱率低，因此主要的挑戰是要在岩層中製造出夠大的裂縫區，讓水溫得以顯著升高，才會有良好的熱效率。裂縫的間隙還必須要夠狹窄，才能限制每個通道的水流量，因為加熱速率與水流量的比率會決定上升的溫度。若是在整片裂縫網中出現幾道寬裂縫，就會形成一條熱通道，這會降低輸出溫度，導致效率顯著降低。

第一個乾熱岩發電廠位於美國芬頓（Fenton），深度為三公里，溫度為攝氏一百九十五度，在一九七〇至一九九〇年代期間營運發電。當時，它輸出了幾兆瓦的功率，展現出這一概念的可行性，也推動了對於增強型地熱系統（enhanced geothermal systems，EGS）的研究。目前在歐洲、法國的蘇爾特蘇福雷特（Soultz-sous-Forêts）、澳洲和其他地方都有類似的試驗站。自二〇一〇年以來，阿爾塔洛克（AltaRock）能源公司在美國紐伯里（Newbury）的試驗站點，以高壓注水的方式創造出一片地下裂縫網。他們擺放了一組地下監測器陣列，監測任何地震活動，以降低任何嚴重地震事件的風險，因為在二〇〇九年原訂於瑞士巴塞爾（Basel）的一項開採計畫，就因為地震而取消。然而，在四十年後，乾熱岩開採的開發仍不成氣候，而且就其成本來看，目前也沒有競爭力。

主要的成本花費在於鑽探，通常是要穿過堅硬的岩層，才能鑽到所需的深度，這樣的工程浩大，可能超過整項計畫經費的六十％。鑽孔的花費幾乎隨深度呈指數成長，因此鑽孔技術的突破將會帶來成本競爭力——在鑽孔之前使用雷射來軟化岩石可能有一定的效果。事實證明，壓裂岩石也相當困難，有時會受到天然裂縫的干擾，好比說英國康沃爾的坎伯恩（Camborne）乾熱岩計畫，由於岩層出現不可預見的問題，最終在一九九一年宣告放棄。然而，自那以後，地下評估技術有了長足的改善，二〇一八年在康沃爾又重啟這項始開發資源。

要讓這項技術能夠與風能和太陽能競爭，現在的研究重點放在深度超過五公里的超熱區（高於攝氏四百度），企圖從那裡的岩石中提取熱能。二〇一八年，阿爾塔洛克能源公司與中煤集團（China Coal）簽署了合作計畫，評估增強的地熱能在中國取代燃煤發電的潛力。這是一項巨大的挑戰，但地熱資源隨時可用，而且相當龐大，因此有必要繼續進行相關研究和開發。

核能

核能是低碳的，因為核電廠不會排放二氧化碳。商業核能發電廠使用的是分裂反應爐，大部分是以鈾當作燃料。能量來自於將鈾中較輕的同位素鈾—235的部分質量（m）分裂成兩個較小的原子核，這樣的轉化會釋放出的能量（E），可由愛因斯坦提出的關係式：$E = mc^2$ 計算，這所產生的能量約是化學反應的千百萬倍。這種分裂伴隨有快中子的發射，這又會引發另一輪的分裂，產生更多的中子；也就是說這會發生連鎖反應，因此必須在受到安全控制的核反應爐中進行。最後是要以平衡失去的中子來完成這項反應，主要是從鈾元素中較重的同位素鈾—238那裡捕捉，透過中子引起的分裂來取得。調整方式是透過移動控制棒進出反應爐芯來進行，這些控制棒會吸收中子。

在壓水式反應爐（pressurized water reactor）中，讓水流經過反應爐核心填充有鈾元素的燃料棒，在那裡吸收分裂產生的熱量而升溫。水變得非常熱，因為它處於高壓下，會形成蒸汽來推動渦輪發電機。流過反應爐核心的水也會減慢快中子的速度，從而增加中子誘發分裂的可能性，減少捕捉不到的機率。然而，為了達到連鎖反應，必須增加較輕的鈾同位素的百分比；也就是說，從其天然的〇．七％豐度加以濃縮，通常濃縮到百分之幾的濃度。

世界上有許多地方都蘊藏有鈾礦，目前哈薩克、加拿大和澳洲是主要生產國。與傳統發電廠所用的煤炭、石油或天然氣等燃料相比，核反應爐需要的鈾量非常少——一噸鈾將提供相當於兩萬五千噸煤炭的能量。以目前的發電量來看，鈾的經濟儲量將提供大約一百年的發電量。

現代反應爐

史上第一座核子反應爐是在一九四二年建立的，興建計畫由費米（Enrico

Fermi）指導，位址選在芝加哥的一座壁球場內。這是當年研發原子彈的曼哈頓計畫（Manhattan Project）的一部分，這項計畫最後研發出第一顆核分裂的原子彈，也展現出核子連鎖反應是可以控制的。第一座民用核電廠於一九五六年興建，是在英國設置的凱得府（Calder Hall）反應爐，緊接在後的是一九五七年在美國賓州的西萍埔（Shippingport）發電廠。日後，這些在一九五〇和一九六〇年代製造的早期原型被稱為第一代反應爐。今天在運作的大多數反應爐則是第二代設計，建於一九七〇和一九八〇年代。全球核電輸出容量在一九八〇年代後期歷經快速成長，此後的成長速度則放慢許多。最初的擴張主要是拜電力市場自由化之賜，這往往有利於資本密集度較低和建設時間較短的發電廠。三起重大核安事故也對核電發展產生重大衝擊。一九九七年，美國三哩島（Three Mile Island）的一座反應爐發生冷卻系統異常的意外事故，導致二十%的核心熔化，所幸只有少量放射性物質釋放出來。更嚴重的一起事件是一九八六年在烏克蘭的車諾比（Chernobyl）核電廠，當時一座反應爐的功率失去控制，不斷提高，導致放射性物質大量釋放。儘管後來發現這對人體健康的影響遠沒有之前所擔心的那樣嚴重，但這嚴重衝擊到大眾對核能的信心。最近一次的意外，是二〇一一年日本福島的第一核電廠事故，這再度引起世人對核能安全的擔憂，對核電的支持日益減少，導致一些國家展開逐步淘汰核電發展的計畫。

對安全性和成本的擔憂促使在一九九〇年代初期開發了第三代反應爐，這些反應爐在設計上更簡單，方便建造，還加裝了額外的被動式應急冷卻系統。被動冷卻是以重力或溫差來啟動，而不是靠幫浦或人工干預，因此預計將更加可靠，也比較接近一套故障自趨安全系統（fail-safe system）。目前已經建造出一些這類第三代反應爐。然而，由於監管要求的增加和缺乏核電廠建設經驗，最近的核電建造案變得非常昂貴，一些國家正在考慮建造小型塊狀模組反應爐（Small Modular Reactor，SMR）以降低成本。

核能的前景

在二〇一八年，全球約有四百五十座反應爐在運轉，總發電量約為四十萬兆瓦，其中大部分是壓水式反應爐，供應全球約十%的電力需求。自一九九六年以來，核電在全球發電量的占比持續下降，目前在許多西方國家，核能已經變得比再生能源更昂貴，且再生能源的價格正在以飛快的速度降低。

在亞洲，有些國家依舊支持核電，在這些地方核能尚具有競爭力，且依舊規畫有一些擴張工程。然而，核擴散和核廢料處理仍存在擔憂。還沒有任何國家在地下深處為這些放射性物質建立一個永久的存放場所。國際能源署預測，到二〇四〇年，全球的核電擴張計畫只是將核電維持在總發電量中的十%比例，那些新的反應爐只會取代即將要退役的。到二〇五〇年，核電的整體發電量可能達到每年五千太瓦時左右。

碳捕捉

一九九〇年代，尚未開發出風能和太陽能，當時對氣候變遷的擔憂日益增加，因此有人建議捕捉和儲存那些從化石燃料發電廠排放出來的二氧化碳，如此就可將其轉變成一種低碳電力。碳捕捉主要是透過化學反應將煙道氣（flue gas）中的二氧化碳分離出來，然後再將其壓縮液化，泵入地下洞穴，例如含水層或是廢棄的油氣田。同時要針對傳統的發電機開收排放二氧化碳的費用。這將鼓勵電廠採用碳捕捉技術，不過前提是碳價要夠高，超過捕捉和封存二氧化碳的成本。然而，即使在龐大的歐盟市場，碳的價格也從未高到足以讓碳捕捉在電力生產中具有競爭力，而且真正在運作的碳捕捉工廠很少。即使如此，捕捉二氧化碳排放依舊可望成為一種脫碳方法，在未來某些產能製程中合乎成本效益。一個例子是將天然氣轉化為氫氣，這還能用於加熱和製造燃料電池，或用於生產水泥以及甲醇和氨等重要工業化學品。

也有人認真思考過直接從空氣中捕捉二氧化碳的可行性，因為目前我們所面對的現實非常危險，即二氧化碳排放量下降的速度恐怕來不及讓上升溫度控制在攝氏一．五度內。種植更多的樹木可能是最簡單也最便宜的方法，但首先必須遏止每年大量的伐林問題。每年約有一千萬公頃的森林遭到砍伐，用於種植大豆、棕櫚油和其他作物，以及放牧牲畜。這樣的伐林導致全球每年約十%的二氧化碳排放量和生物多樣性的重大損失。此外，封存大量二氧化碳所需的樹林面積也相當大——約要美國國土面積的四分之一，需要超過六年，甚至幾十年的時間才能讓樹木長到成熟，每年只能吸收平均全球燃燒化石燃料的十%排放量。而在成長期過後，還需要更換樹木，因為在建築中也會使用到木材。有人建議，可以燃燒林業的廢棄物來產生能量（熱或電），並捕捉和封存排放出來的二氧化碳。這種生質能源的碳捕捉尚有爭議，必須要確保改變土地利用的這項變動最後的結果是產生淨負排放，而不是增加碳的排放量。此外，這種方法尚在開發中，可能會與其他對可耕地和淡水的需求產生競爭關係。

不過，可以使用化學吸收器直接從空氣中捕捉二氧化碳，這種方法比生質能源更緻密、更可靠，只是目前的價格較為昂貴。奧利金能源公司（Origen Power）正在開發將碳捕捉與具有商業價值的石灰生產相結合，這樣的製程可望降低成本。吸碳新創公司「Carbon Engineering」也在開發另一種方法，是使用與二氧化碳接觸會形成碳酸鈣的氫氧化鉀。整個過程以石灰來合成氫氧化鉀，形成碳酸鈣，然後將其加熱，釋放出二氧化碳，進行壓縮和封存——這時便會再度合成石灰。他們預估，以這種方式捕捉二氧化碳的成本可望降低至每噸一百美元。

碳捕捉的展望

為了增加產值，可以將捕捉來的二氧化碳與氫結合（比方說以再生電力來電解水，製造出氫氣），這可用來合成低碳燃料，取代汽油、柴油或航空燃料，這樣一來，其總排放量會遠低於某些生質燃料。若是要捕捉和封存燃煤發電廠排放的二氧化碳，電力成本會增加約六十%，而使用再生能源來發電，成本則低得多。然而，隨著空氣碳捕捉的研發和大量投資，再加上在某些工業製程中捕捉二氧化碳，以及重新造林，預估到二〇五〇年時，碳捕捉可能會吸收掉全球年排放量的十%。

總體低碳潛力

到二〇五〇年，再生能源和核能的總發電量可能接近當前全球需求量的九十%，透過碳捕捉，全世界可能會達到二氧化碳淨零排放。但要處理大量再生電力，電網在輸送和分配上需要適應風場和太陽光電場輸出量的種種變數，因此發展儲能設備非常重要。

第七章

再生電力與儲能

電力是確保良好生活品質的關鍵。世界上有許多地方都是透過風場和太陽光電場來發電，其成本變得越來越便宜，可望成為最廉價的發電方式，而且這兩者還具有一極大優勢，那就是不會排放任何污染物，或是產生導致全球暖化的二氧化碳。隨著全球運輸工具和暖氣設備的電氣化，對電力的需求勢必會隨之成長。再生能源可以提供乾淨且價格低廉的電力，而且目前已供應全球約四分之一的電力需求。這當中又以風能和太陽能的潛力最大，實際上光是這兩者，就足以提供全球的電力需求，但在二〇一八年，這兩者僅提供七％的電力，因此需要大規模擴張。

風場和太陽光電場通常距離電力需求中心很遠，因此大量電力必須經過長距離傳輸。為了避免電纜傳輸的熱損失，流經的電流必須很低，這就意味著電壓必須要非常高才能顯著提升功率。例如，十安培（amp）的電流需要一百千伏（kilovolt）的電壓才能提供一千瓩，即一兆瓦的功率。電纜中的電壓和電流就好比是水管中的水壓和水流量。就水輪機來說，決定其功率的是水的流速和壓力；因此，若要以低水流來產生大量電力，那就需要非常高的水壓。

電纜中的電流和電壓有交流電（alternating current，AC）——即傳送時方向交替變換——或是保持一固定方向的直流電（direct current，DC）來傳送。十九世紀末期的發電機可以提供直流電或交流電；但是在建立電網時，很難將直流電的電壓提高到足以高效傳輸的程度。這就是後來會選擇高壓交流電（high voltage alternating current，HVAC）的原因，因為之後可用變壓器來輕鬆改變交流電的電壓。

目前這項技術已經有長足的進步，現在也可以使用固態電子設備輕易改變直流電壓，在傳送距離超過六百公里時，高壓直流電（high voltage direct current，HVDC）是較符合成本效益的方法，僅會損失幾個百分比。主要原因是直流電壓穩定，因此在到達空氣放電的限制前，電壓可達到交流電有效電壓的兩倍左右。三峽大壩的電力是透過一條五百千伏、額定功率為三千兆瓦的高壓直流電纜輸送，一路送到九百四十公里外的中國南方廣東地區。此外，高壓直流電也較適合用於地下電纜，因為它的電損耗低於高壓交流電，這就是為什麼英吉利海峽下的電路是採用高壓直流電的原因。

電網

在十九世紀，電力是在靠近電力需求的地方生產的，但到了二十世紀，規模經濟催生出集中式發電廠、長距離傳輸線和地方的變電站。現在，世界上大多數國家的電力都是透過電網來提供。這套系統是為了滿足供電需求——最低需求稱為基本負載（baseload）——所設計的，由最便宜的發電機來滿足。直到最近，發電方式通常是以燃煤為主（也有國家是以核電或水力發電為主），而且大部分的時間都在運作。會搭配其他發電廠（通常是循環燃氣渦輪發電機）來支援，以滿足每天的負載量變化，也會有可快速運作的小型燃氣渦輪或柴油發電機來應對激增的需求或是發電廠停擺等故障問題。發電廠和變電站間的輸配電系統很重要，這可確保即使有單一線路或發電廠出現問題，仍舊能夠維持電力供應。電網有辦法將電力輸送到偏遠社區，也能獲得偏遠地區的發電。

現在，太陽光電場和風場在許多電網上提供的電力占比日益升高，這正在改變對發電廠的要求。在一般情況下，一天之中混合使用再生能源和傳統發電廠的發電方式最為經濟，而不是完全使用大型的傳統發電機。除了提供乾淨的電力外，風場和太陽光電場的營運成本最低——這稱為邊際成本（marginal costs）——因為它們沒有燃料成本，並且會首先調用。為了讓風場和太陽光電場達到最大使用效能，最好是搭配能夠因應電力供需變化而快速反應的其他發電廠；而且理想上，這些電廠的運作也應該符合經濟效應，運作時消耗的用電量僅占其最大負載量的一小部分。一般來說，燃煤電廠和核電廠的數量並不會有快速的增減，而燃氣和再生能源電廠則是更好的選項。根據地點的不同，水力發電、生質能、地熱和聚光太陽能（搭配蓄熱儲能）都可以擔任靈活發電的功能。

化石燃料發電廠可以儲存燃料並因應需求來提供電力。風場和太陽光電場與這些可以隨時供電——稱為可調度或固定供應——的發電廠不同，這兩者的運作都取決於天氣這項變數。儘管有時會出現風力弱和陰天的日子，然而，與一些人想像的剛好相反，擁有大量風力發電和太陽光電的電網其實能夠在需要時提供電力。透過人工智慧（artificial intelligence，AI）來獲取良好的天氣預報，太陽光電場和風場的輸出變化通常是可以預期的，因此可得到最佳結果。

當再生能源供應達到總電力需求的三十%時，這些變化可以輕易透過裝配在電網上的快速反應發電廠來填補，以滿足供電需求的變化。當一處一千兆瓦的大型發電廠意外跳電（可能是設備故障或過載），處理起來可能遠比風力發電或太陽光電的電力突然下降更具挑戰性。備用儲電站必須迅速上線，而風場和太陽光電場若是尚未達到滿載，還可以在有風和晴天的天氣迅速提高其發電量，提供額外的寶貴備用電。

以再生能源為主的電力

為了提供乾淨、安全和價格低廉的電力，並且在本世紀中葉大幅減少碳排放，避免氣候變遷演變到危及生靈的程度，全球的供電必須以再生能源為主。透過增加再生能源的輸出、地理分布以及與其他電網的連結，再生能源的供電占比將可望提高到電網的五十%左右。在一定程度上，增加這類綠電的發電能力可以彌補天氣條件惡劣的情況，而連接大範圍的太陽光電場和風場則可以提供更平穩可靠的電力。在歐洲，丹麥已經與挪威、瑞典或德國等國進行電力交易，以此來平衡電力供需：在他們自己的風力發電量高時出口電力，而在發電量低時則進口電力。

然而，建立洲際再生電網並非易事。過去曾經有一項DESERTEC（沙漠科技基金會）的提案，計畫要將北非的太陽能傳送到歐洲，但由於政治不穩定，再加上不同地區和國家對規畫中的電網各有所圖，產生相互衝突的反對意見，因此難以具體實現提案。此外，由於太陽能板的成本急劇下降，因此日照多的優勢變得不那麼重要，因為可以靠增加太陽能板的大小來彌補日照少的缺憾，這比支付長距離傳輸費用更為經濟。能夠在地方發電也等於是提供了一份供電的安全保障，不必依賴化石燃料進口。然而，廣泛架設的電網確實對於供需平衡有極大的幫助。

若是能配合供電來調整電力需求，就可降低對儲能廠的需求——這稱為「需量反應（demand response）」——或許可成為一個更便宜的選項，因為那些用來支援電力尖峰的快速反應發電廠的運作成本最高。使用智慧電網可以讓電網營運商和用戶間進行雙向溝通，調整電力負載量，使其與供電端相等，這樣就能確定出需要從電網中取用的的需求量，或是添加量。出現短時間停電或減少電力供應時，許多運作仍有可能繼續維持，好比那些具有熱慣性的操作——像是保持鐵或瀝青、熔融物或超市冰箱冷藏食物的溫度；或是建築物的溫度調節——或是在將零件組裝成產品前，先製造出充足的零件備量。同樣地，可以透過啟動電爐、大型電解槽或海水淡化廠（以幫助應對氣候變遷造成的乾旱）來增加需求量。在數位化科技的推動下，我們正處於智慧電網革命的開端，這將會對電力負載量造成重大變化，將會讓邁向再生能源的這段過渡期更為容易，並且為客戶帶來更低的成本。

另外，也可以用價格差異來鼓勵客戶改變他們的電力需求。在義大利，有推行一個簡單的計畫，是以固定費用（取決於所使用的最大功率）和每度電的價格來回收發電廠的本金和配電以及發電成本。以限制電力需求的方式（讓消費端的電價變得更便宜），白天必須間隔使用電熱水壺、洗衣機和烤箱等電器；如果一次全部使用，就會跳電。這樣便可降低發電成本中最高的尖峰用電。而在離峰期（例如夜間）提供便宜電價也是一種方式。不過要達到有效調整，需要同時使用智慧電網和智慧電錶。這樣用戶端可以看到他們的消費細節，並選擇僅在低電價或優惠價格時段才使用某些電器設備。

儲能設備對於提高再生能源的發電占比非常有幫助。以太陽光電場和風場這樣的組合來供應夜間用電，往往會有白天過度生產，導致電價下跌的情況。若是沒有儲能設備，必須盡可能出口過剩電力，或是以減少供電來降低損失。短期儲能可以將部分電力從下午轉移到晚上，因此小容量即可以滿足日常需求。隨著電池成本的急劇下降，這種儲能的可用性變得越來越高，而且也開始取代那些用來補強綠電不足時的快速反應化石燃料電廠。

儲能設備可以同時由發電端或消費端來進行，圖30顯示如何透過儲能、電網互聯線和智慧電網來達到電力的供需平衡。

改用再生能源來發電的成本，除了要對風場和太陽光電場進行巨額投資，還包含加蓋電網從偏遠地區輸送電力的成本。在德國，變動性較大的再生能源發電成長率正在放緩，但是送電的線路則在升級中；中國則是鼓勵安裝屋頂太陽能板，這將會減少遠距離輸電的需求，同時也減輕電網的負荷。在一些國家，在地方上使用太陽能板來發電可能是最好的電力來源，特別是在沒有電網的地方，如撒哈拉沙漠以南非洲的大部分地區；以及在電網電力非常昂貴的地方，例如澳洲

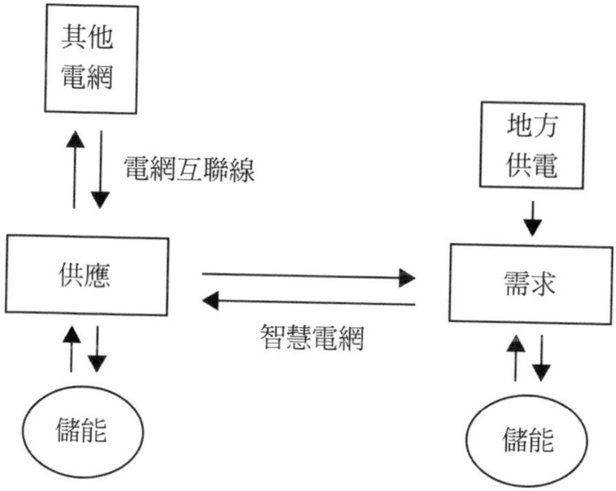

圖 30　顯示現代電網供需平衡的示意圖。

的部分地區；或者印度這類電網設備一直很差的地方。

雖然風場和太陽光電場的發電成本已能夠與化石燃料發電相競爭，但是太陽光電和風能的供電變數也增加了電網營運的額外成本。這主要是來自於備用發電機的費用，因為當電力供應不足時，會增加消費者的電價。但隨著再生能源發電占比的提高，對於大型常規電廠的需求日益降低；而且隨著風場和太陽光電場的成本變得日益便宜，都有助於抵消額外加裝儲備電廠（它們偶爾會在需要平衡電力供需時運作）的成本。

大量的風力發電和太陽光電會產生多餘的電，降低電場的收入，也會降低運轉時間較短的備用發電廠的收入——這很恰當地被稱為「缺錢問題（the missing money problem）」。在一九八〇和一九九〇年代，許多國家為了促進競爭而開展的電力市場必須要適應現況，支持短期發電。但是不同電網間的電網互聯線，如連接美國或歐洲電網的，可以利用過剩的發電量，提供更穩定的供電。需量反應和儲能系統也減少了對備用電廠的需求。這些全都增加了太陽光電場和風場的電力價值，再加上成本下降和電池成本降低，這些都可促進電價進一步調降。

在一九九〇和二〇〇〇年代，為了促進再生能源發電，許多政府提出補貼政策，因為當時的風能和太陽光電價格並沒有競爭力。這些成本通常會分攤在所有用戶的電費上，電價上漲幅度相對較小。而這樣的支持促使全球風能和太陽光電發電產量大增，成本大幅下降。在一些國家，這一趨勢導致再生能源投資出現「繁榮與蕭條」的循環，這是因為政府曾給予補貼，之後又削減經費所致。預計到二〇三〇年代末期，現有的許多電廠將會得到正報酬，而且有越來越多新的風場和太陽光電場是在沒有補貼的情況下建造。現在它們不僅可以與化石燃料競爭，而且還迅速成為最便宜的發電選項。

然而，若是要進行公平的比較，還需要將化石燃料吸引的大量補貼納入，而在核電場的部分，也需要考慮政府承擔的責任保險成本。此外，化石燃料發電廠造成的污染和全球暖化的成本可能相當龐大。在許多國家，這些所謂的「外部因素（externalities）」開始透過制定碳價來加以處理，也就是為所有的二氧化碳排放源制定一處理費用，但通常碳價不足以反映造成損害的真實成本。

透過需量反應、分散式發電、電網互聯線和短期儲能等系統，可望將電網中的再生能源占比拉到非常高。一項針對歐洲電網的研究發現，若是將當中變動性較大的再生能源從二十%增加到八十%，反映在電價上的成本將是每度電從大約五歐分提升到八．五歐分，這其中大部分是風力發電；不過隨著太陽能和電池成本降低，每度電價有可能下降到約四至六歐分。供電的變數主要將會以進出口電力以及靈活調動（燃氣）發電機來處理。這項成本的增加預計遠低於繼續燃燒化石燃料所造成的損害。

若是能納入生質能及氫燃料渦輪發電機，具有存儲功能的聚光太陽能發電廠，或是靈活搭配核能或水力發電廠，還能夠再進一步降低碳排放量，如此也有助於減少為了平衡電網供需而對燃氣發電機的依賴。在某些地區建置長期（數個月以上）的儲能系統，以此來應付可能發生的季節性電力供需嚴重失衡的問題，可望讓再生能源的占比提高。隨著成本下降，一些短期的電力供需失衡問題可能很快就得以解決，預計是以能夠儲電一天的電池來存儲太陽光電場過剩的產能。在美國，洛磯山脈研究所（Rocky Mountains Institute）在二〇一八年的報告對此的結論是，在過去十年中，再生能源和分散式能源（包括電池）大幅進步，這意味著這些能源現在可以提供與新建的燃氣電廠一樣可靠的供電，而且成本不相上下，甚或更低。

要讓電網的供電占比以再生能源為主，解決方案將取決於一地區的可用資源，不過能夠進一步降低成本的關鍵領域在於儲能，得靠這些將電力存儲下來。

儲能

雖然目前大多數的儲電是借助於抽水蓄能電廠，而這通常僅限於丘陵地區（見圖31），不過鋰電池的發展開始產生重大影響。鋰電池是一種具有高功率和高能量密度的可充電電池，最初它協助推動了手機革命，現在隨著性能提高和成本下降，已準備在電動車領域進行大規模擴張。鋰電池可以在任何地方使用，已經開始搭配居家型的太陽能板，用於電力存儲以及平衡電網的供需。

電池的英文Battery，在過去的意思是「套件」，是指幾個一起運作的東西，比方說一套大砲裝備。而電池也是指一系列連接在一起的電池，而第一個實用的可充電電池是在一八五九年發明的鉛蓄電池。這種電池是由一系列浸入硫酸中的鉛陽極和氧化鉛陰極所組成。放電時，陽極全都氧化，而陰極這邊則還原為硫酸鉛。它可以提供大電流，至今仍在汽油和柴油汽車中使用（即電瓶），但鉛蓄電池的能量和功率密度太低，無法用於手機或電動車。

圖 31 德國魯爾區的科普琴韋克（Koepchenwerk）抽水蓄能電廠。
（圖片來源：image BROKER / Alamy Stock Photo）

在一九八〇和一九九〇年代，隨著鋰電池的發展，在製造輕薄可充電電池方面出現重大突破。鋰在電池中會產生高電壓，且其密度較低，所以是理想的材料；但是，它的化學性質非常活潑。不過後來發現可以在不破壞其結構的情況下將鋰離子（Li+）移入或移出某些材料，因此能夠控制其化學反應，這是一種可逆的過程，稱為嵌入（intercalation）。特別是在以石墨為陽極，鋰鈷氧化物（具有類似石墨的層狀結構）用於陰極的組合中。這些是由惠廷翰（M. S. Whittingham）、古迪納夫（JB Goodenough）和吉野彰（A. Yoshino）——三人因此獲得二〇一九年的諾貝爾化學獎——所發現的，最後並促成索尼（Sony）將鋰電池商業化。

圖32是鋰電池的示意圖，顯示出充電時，鋰離子會透過電解質從鋰鈷氧化物正極移出，與負極中的石墨結合，形成鋰石墨（lithium graphite）。當整套設備連接好時，電子流會從陽極流向陰極，因為鋰鈷氧化物吸引電子的力量更強，超過鋰石墨。電流由大約三．七伏特的電壓所驅動，並為整個電池設備供電。在放

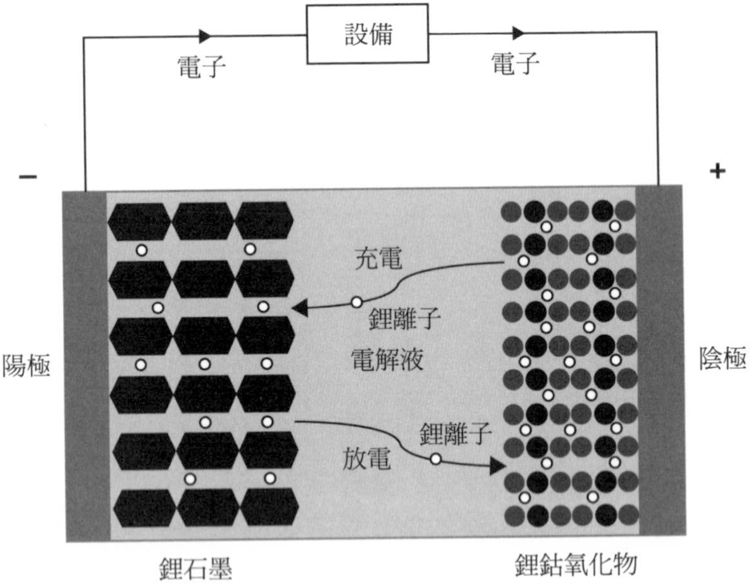

圖 32 鋰電池示意圖。

電過程中，陽極會釋放鋰離子到電解質中，電子會進入外部電路。在陰極，來自外部電路的電子與來自陽極的鋰離子和鈷氧化物結合，形成鋰鈷氧化物。

每公斤鋰電池約可產生四分之一度的電能，是鉛蓄電池的十倍左右。鋰電池現在已成為電動車的首選，而且也逐漸用於短期儲能上。鋰電池現已占據市場主導地位，隨著全球產量的增加，成本正在快速下降——全球產量每增加一倍，成本就會下降約十八％。預計到二〇二四年，它們的成本約為每度一百美元，到那時，電動車的成本足以與傳統汽車相競爭。

車電網

電動車電池的另一個優勢是可以在汽車停放時連接到電網，這可以提供非常大的存儲空間來平衡電力供需。美國加州的一項研究顯示，如果使用電動車代替那些固定的儲能設備，可以節省數十億美元。不過就長期電網儲能（數天以上）來說，液流電池可能比板式電池來得經濟，並且能夠帶來大規模儲能的突破。

液流電池

液流電池（flow batteries）是將電能存在電解質中，而不是電極裡，因此它們的電容量僅受電解質容器體積的限制——所以這類電池的功率和容量得以脫鉤。它們可以在非常高的充電和放電循環中維持高效率。通常，每單位質量的儲能在每公斤十至五十瓦時（watt-hour，Wh）之間，與平板電池所能達到的能量相比，這算是很小（鋰電池每公斤約兩百五十瓦時），但它們在擴展上更具成本效益，而且電容量可以達到非常大。

發展最成熟也已經商業化的例子是釩液流電池（vanadium flow battery）。釩是一種銀灰色金屬，加入微量的釩可明顯提高鋼的強度。據信十字軍東征時期，就是靠這個元素讓大馬士革劍展現傳說中的威力。如今之所以將其應用在液流電池中，是因為它具有處於多種充電狀態的能力。這類電池有兩種分離開來的不帶電電解質，每種都含有不同正電荷狀態的釩離子，以及硫酸中帶負電荷的硫酸根離子。圖33是液流電池的示意圖，顯示出在泵送電解液至電極後，釩離子（V2+）在陽極被氧化為V3+離子，釋放出一個電子，而在陰極的V5+離子獲得一個電子，還原為V4+離子。電解質之間以允許H+氫離子通過的隔離膜相隔，因此可以保持電中性；電極表面則塗有催化劑，以加速反應。

然而，釩是一種昂貴的材料，目前正在開發其他幾種採用不同化學成分的液流電池。由於電網的儲能需求為數百萬度，需要數百萬噸的材料，因此需要價格更低廉的材料。目前一個看似很有前景的材料是由美國新創公司「Form Energy」開發出來的硫液流電池，這是由Breakthrough Energy Ventures（突破能源風險投資公司）所資助，這間投資公司是由比爾．蓋茲（Bill Gates）創辦，挹

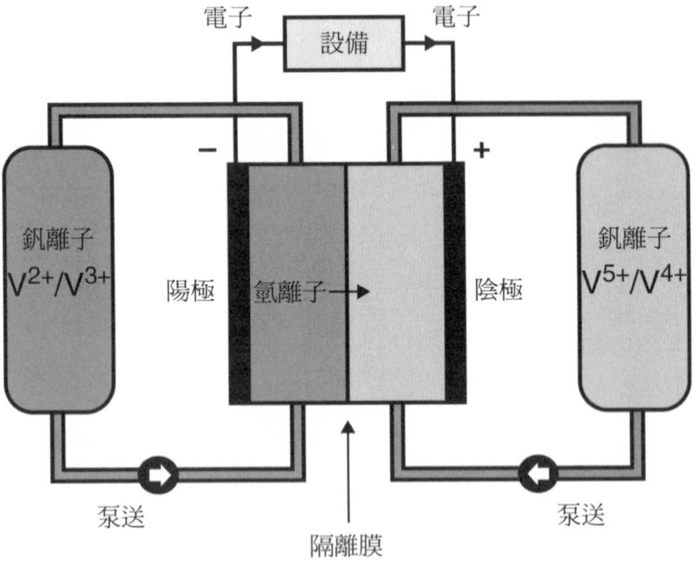

圖 33 釩液流電池示意圖。

注十億美元在新能源技術的投資上。

電轉氣（power to gas）和其他儲能技術

目前抽水蓄能占全球電力存儲的九十四％以上。在這類型的儲能區域可以透過在地下、水下和地表水庫的抽水來擴展，但其部署仍可能受到限制。另一種能夠儲存大量能量的技術是壓縮空氣。這是以電力將空氣泵送進一個巨大的洞穴中，並以高壓的形式儲存在那裡。然後在需要電力時釋放空氣，讓其推動渦輪發電機。但這項技術一直沒有商業競爭力，目前僅有兩家大型電廠在運作，一間在德國的亨特多夫（Huntdorf），另一間位於美國的阿拉巴馬州。不過，目前有計畫要興建更高效的電廠，其中一家在荷蘭，將與風場搭配使用。在英國，也有人建議使用北海下的多孔砂岩來儲存壓縮空氣，可以提供具有價值的跨季節儲能。

最近的一項創新是由抽水蓄能變化而來，可以廣泛使用在各地。這是由儲能新創公司「Energy Vault」提出的，基本想法是以六臂起重機來抬高廉價的混凝土塊，以此儲存能量，而不是抽水。將數千塊三十五噸重的水泥塊堆疊起來，形成一座大約有三十五層樓高的塔。當需要電力時，將這些水泥塊與起重機連結，任其往下掉，從而反向驅動起重機電機，進行發電。印度的塔塔電力公司（Tata Power）訂購了這樣一套塔式系統，可存儲三十五兆瓦時的電，最高峰值輸出量為四兆瓦，而且能夠快速反應，進行供電。

另一項方案是將多餘電力用來加熱或冷凍水，然後將熱水或冰塊儲存起來。由於建築物隨時需要熱水而冰則可用作空調，目前預計對空調的需求將會增加，特別是在開發中國家。這種加熱和冷卻系統以熱泵的效率最高：通常，一瓩的電能可以提供三瓩的加熱或冷卻。或者是，可利用在火力發電廠中傳到環境的熱量，將其提供給汽電共生（combined heat and power，CHP，又稱熱電聯產），提用以加熱水。在丹麥，有超過六十%的家庭供暖系統來自當地的汽電共生廠，提供區域的供熱網路，其中包括以大型水箱當作儲存器。汽電共生廠可以改變其電力比例，能夠協助調配風場輸出量的變動。許多汽電共生的電廠是燃燒生質能，這對於丹麥到二〇三〇年要淘汰燃煤發電廠的規畫非常重要。

然而，熱量的運輸成本很高，並且通常有距離限制，約是在三十公里左右。一種更有變通性的儲電方法是使用它來產生不含碳的可燃燃料，例如氫氣。這可以透過管道運輸，將其儲存起來，然後在需要時——例如工業用電或家庭供暖——使用。氫氣可用電解水來生產，並且在商業應用上已經達到八十%的高效率。當氫氣在空氣中燃燒時，僅會產生熱量和水蒸氣，因此它的燃燒不會導致全球暖化。所以，將氫氣用作燃氣渦輪發電機或燃料電池的燃料，可以減少發電過程中的碳排放。

在全球能源需求中，供暖所占的比例很大，目前幾乎所有都是以燃燒化石燃料來提供，熱量儲存僅占很小的比重。使用再生電力直接產生熱量，可以提供「再生熱量（renewable heat）」，這對減少化石燃料的使用和二氧化碳排放非常重要。這些新儲能方案再搭配上電動車，將可實現供暖和運輸的脫碳。

第八章

脫碳潮和運輸

目前關於再生能源的大部分討論都集中在電力供應上，因為發電約占世界最終能源總消耗量的四分之一，而且由於化石燃料發電廠的效率低，在全球能源相關二氧化碳排放量中就占了近三成。另外三分之一的排放量則是來自工業和建築物供暖所燃燒的煤炭、天然氣和石油，另外有十分之一來自其他過程。剩餘的四分之一碳排則幾乎都是來自交通運輸，主要就是提供動力給引擎的石油衍生燃料。

目前直接使用再生電力來產熱，例如電烤箱，會比燃燒天然氣或其他化石燃料來產生熱量更昂貴。因此，用再生電力來滿足大量熱能需求的目標將會是一大挑戰，特別是對於需要用到高溫的工業製程，例如鋼鐵和水泥的製造。但這樣做可以避免污染和二氧化碳排放。就世界上許多地方的建築物來看，需要有能源才能讓當中的住戶生活舒適，而目前全世界約有二十%的能源用在為人類活動空間提供冷暖氣，以及加熱建築物中的水。這所需要的熱量是一適中的溫度，而有一種非常有效的低碳技術可以與再生電力搭配，擔負起這項任務，那就是熱泵。

熱泵

氣源熱泵（air-source heat pump）的運作原理就像冰箱，有一個電動壓縮機，讓冷媒在一個迴路中循環——藉由兩組盤管，一組在室內，另一組在室外。在裝置內壓縮冷媒，會導致其膨脹，這會使得一處的盤管冷卻，而另一處發熱（參見圖34）。當冷卻的盤管是在室內時，風扇會將空氣吹過去，冷卻房間。這樣的配置就跟冰箱類似，冷盤管是安裝在冰箱裡，而熱盤管則是在外面。

使用這種泵浦可以傳遞的熱能，通常是壓縮機使用電能的兩倍半。若逆轉壓縮機中的流動，使室內的盤管比室外的盤管更熱，就等於是以熱泵來加熱房間。這是一種比使用電棒（電阻）加熱器更有效的加熱方式，因為其增加的熱僅恰好等於電能。

另外，可以將盤管安裝在地下，而不是在室外的空氣中，因為在約超過十公尺深的地底，溫度相對恆定。這些地源熱泵往往比氣源熱泵的效率來得高（產生

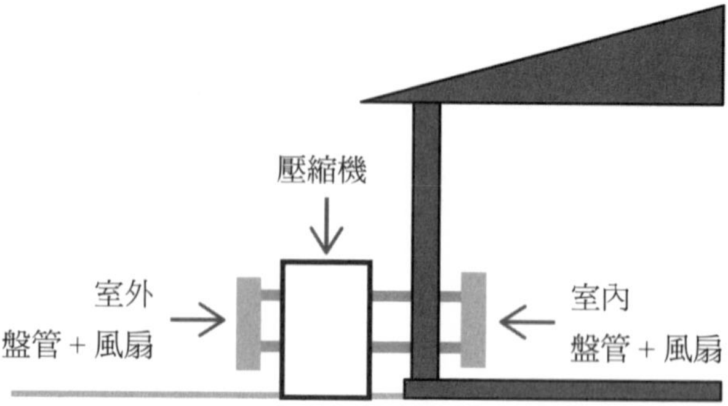

圖 34　氣源熱泵。

的熱能量是電能的三至四倍），主要是因為地下的溫度冬暖夏涼，比地表的空氣溫度更穩定、也更適合作為調節室內溫度之用。

然而，地底熱泵的成本通常較高，因為必須鑽挖深孔。城市下方的地下河流，例如倫敦地底的泰伯恩河（Tyburn）和弗利特河（Fleet），可以作為大型城市建築用的熱泵盤管的位點。盤管可以裝置在這些地下河流中，還可免去在地底鑽孔的成本。德國斯圖加特（Stuttgart）已經使用過這項技術，利用地下河內森巴哈（Nesenbach）來加熱巴登—符騰堡（Baden-Württemberg）州政府部門。

熱泵是一種加熱或冷卻建築物的好方法，

但改造工程可能所費不貲，尤其是針對現有建築物的地源熱泵。此外，這項任務也可能很艱鉅：例如，在歐盟、俄羅斯和美國的現有建物中，有一半以上將會繼續使用到二〇五〇年，其中許多建築物的隔熱效果都不好。目前有越來越多的新住房建案是採用氣源熱泵，儘管對新的大型建物來說，使用設置於地底的地源熱泵也非常適合，在這些建案中，要將熱泵安裝在地基是相對簡單的事。只要對建築物進行良好的隔熱，減少縫隙漏風等氣流進出，可以將其所需的供熱降至最低，並且由現場的太陽能板來提供泵的電力。

潔淨燃料——生質能源和氫氣

在一些國家和地區，還有一種更便宜的解決方案，主要是選用那些不會增加大氣中二氧化碳含量的燃料來提供熱量。這可以用生質能（如木屑顆粒）或生質燃料（如生物甲烷）來達成，不過這些合適的永續材料供應也有限。在可取得材料的地方，好比說丹麥，可以使用汽電共生系統為建物提供熱能和電力。屋頂上的太陽能板也可以支援熱水的提供。此外，還有一項正在發展中的氫氣生產技術——氫氣就像天然氣一樣，可以用來燃燒——這可望普及在許多地方供應，作為天然氣的低碳替代品。法國正在進行一項示範計畫，在天然氣供應網中混合高達二十%的氫氣，而在英國，正在評估一項使用一百%氫氣的開創性計畫。

在英國，有超過三十%的碳排放來自民生消耗，以家庭供暖和烹飪居多，而這些主要都是依靠天然氣管線分配的天然氣。近年來，已經將這些輸送管線用焊接的聚乙烯管所取代。這些管線同時適用於運輸氫氣和天然氣，而「H21 計畫」正在評估以氫氣當作家用供暖的可行性，因為氫氣在燃燒時僅會排放水蒸汽。民生暖氣設備若是能夠脫碳，對於英國履行《巴黎協定》的承諾將有很大有助。

這項可行性研究選在里茲（Leeds）進行，因為這座城市靠近運送天然氣的港口，也離將甲烷製成氫氣的技術廠房不遠；甲烷就是天然氣的主要成分。這座城市也很靠近鹽穴，這種地質構造的密封性很好，可用於儲存氫氣。這次的氫氣轉型與一九七〇年代改用天然氣的轉變類似，當時在北海下發現大量天然氣，城市的煤氣就逐漸被天然氣所取代（當時城市所用的煤氣主要是由蒸汽與煤反應所製成的氫氣和一氧化碳）。

目前的規畫是將蒸汽與甲烷反應，生成氫氣和二氧化碳，這一過程稱為「蒸汽重組（steam reforming）」。生成的二氧化碳將會被捕捉、壓縮並儲存在北海深處，地點可能選在類似北海斯萊普納（Sleipner）天然氣田的下方，過去已在那裡成功儲存二氧化碳多年。在夏季月分，當氫氣生產量超過需求時，可將其儲存在附近的大型鹽穴中，等到冬季需求量較高時，再行使用。

另一種生產氫氣的方法是使用再生電力來電解水。目前這個過程較為昂貴，但成本正在下降中。而且它有一個特別的優點，就是可以省下捕捉二氧化碳的成本，還可以利用風場和太陽光電場多餘的電力，也算是一項附加價值。此外，低成本氫氣若能普及，也有助於氫燃料電池車的發展。

電器（炊具和鍋爐）也需要加以改造才能燃燒氫氣，但能夠使用現有的天然氣輸送管線就已讓氫氣的使用具有便利性，再加上以氫氣作為能源還可以大量儲存，這些優勢可望讓民生脫碳的總成本變得更低廉，更具吸引力。若是採用這項方案，可以逐步替換國家的管線網路，而不至於對用戶造成太大干擾。這項轉型支出可透過向所有用戶小幅調升費用的方式來支付，估計在四十年內可以回收成本，且不會對供暖的收費造成太大的影響。使用氫氣的安全性就跟天然氣一樣，不僅可用於家庭供暖，也能夠為工業製程提供高溫。

工業用熱

在工業中以潔淨燃料來提供能源是減碳的一大關鍵，因為工業的能源需求占全球總量的三分之一左右，其中大部分是以燃燒化石燃料來產熱，將二氧化碳和污染排放到大氣中。若是以再生電力直接來供熱，就不會有破壞環境的碳排問題；好比說電弧爐，目前已使用這套系統來提煉廢鋼或生產氫氣。然而，將工業製程轉換為使用電力或燃燒氫氣有一定的成本，再加上電費的考量，可能會讓這些選擇變得十分昂貴，不過對新建的工業場所而言，它們會是不錯的選擇，因為其使用年限很長。

麻省理工學院（MIT）的研究人員提出一項較為便宜的解決方案，建議使用電加熱耐火磚來產生高溫熱量。這是基於一項非常古老的技術。大約在三千年前，西臺人（Hittites）首先在他們的煉鐵窯中使用耐高溫的粘土烘烤出耐火磚。絕緣的耐火磚堆可用作蓄熱器，透過電阻加熱可將溫度提高至約攝氏八百五十度。若是需要更高的溫度，或可採用碳化矽材質的耐火磚。風場和太陽光電場過剩的產能也是一種廉價的電力來源，若能加以利用，還可以避免有時得減少這些電場輸出量的問題。由於材料和鼓風機價格低廉，在有需要時，可以讓空氣吹過磚塊，以具有競爭力的價格為工業用爐提供高溫熱量。

熱泵無法在工業製程所需的高溫下有效地提供熱量，雖然生質能或生質燃料有時可以用作燃料，但還無法廣泛地永續供應。燃燒森林和農業殘留物及廢物對環境造成的衝擊很小（因為這些都不用整地伐林），這對改善相關供應鏈將會很有幫助。

另一種引起關注的替代方案是以再生氫氣來製造氨。氨本身就是一種有價值的工業產品，是肥料的主要成分，但它也可以用於內燃機、燃氣渦輪機或燃料電池中以提供能量。這項方案的一項優點是運輸氨的基礎設施早已存在。氨在燃燒時會產生氮氣和水蒸氣，已經有些車子是以氨氣當燃料來驅動，而以這種方式來為船舶提供動力也不無可能。只是在處理上必須謹慎小心，因為高濃度的氨是有毒的，不過在低濃度時沒有毒性，且人類可以輕易檢測到。不論這項方案或是其他的電轉氣方案，能否對供熱占比的顯著提升有所貢獻，很大程度上還是取決於生產成本的降低。

另一種低碳排的供熱方法是捕捉那些在現有工業製程中因為燃燒化石燃料而排放的二氧化碳。然而，這項任務的難度很高，因為範圍很大，而且地點太多。

目前已有幾個先驅計畫在進行中，可以捕捉到高達九十％的排放量。將二氧化碳運輸到地下儲存庫，好比說那些用盡的油氣田，這流程似乎很直接了當，而且只占整個總成本的一小部分。問題是並非所有可能的站點都靠近儲存庫，而且其長期安全性仍在評估中。努力降低幾項主要應用的成本，例如在天然氣製氫的過程中捕捉二氧化碳，可能是一個很好的策略。再生能源成本的急劇下降，使得在發電過程中進行碳捕捉變得越來越不符合經濟效益；但如果碳價夠高，可能還是會讓脫碳在某些過程中具有應用價值。

脫碳運輸：電動車

從數百萬台車輛和船舶內燃機排放出的大量二氧化碳是無法捕捉的。有很高比例的石油是以汽油和柴油的形式被燃燒，這約占世界能源使用量的四分之一。相應於此的再生替代品是生質燃料，特別是生物乙醇和生物柴油。儘管巴西已經成功推行以甘蔗來生產乙醇的計畫，但在其他地方，由於種植生質燃料需要大片土地面積，一直存在與農爭地的廣泛擔憂；也會有整頓土地時造成二氧化碳排放的問題——例如在馬來西亞發生的情況，為了生產生物柴油，就砍伐大片森林來開闢棕櫚油種植園。減少交通運輸碳排放的一項有效方法，就是全面電氣化，這樣就可完全避免燃燒。

客車和貨車的二氧化碳排放量約占全球能源相關二氧化碳排放量的十一%，而在歐盟，約占其總排放量的十五%。自二〇一六年以來，包括法國、印度、中國、德國、愛爾蘭、荷蘭、挪威和英國在內的許多國家，都已相繼宣布計畫在二〇三〇或二〇四〇年之後停止銷售汽油和柴油汽車，並且對在市區有碳排的汽車課收費用。

就全球來看，等到再生能源能夠提供大部分電力時，電動車的推廣將會成為一種非常有效的減碳排方式，例如在挪威的例子。在英國，每英里的二氧化碳排放量已經不到歐洲普通汽車平均排放量的一半，而隨著更多再生能源正式啟用，這些排放量將會變得更小。

除了有助於實現減少氣候變遷的目標外，改用電動車還可以減少引擎（尤其是柴油引擎）排放的有害微粒和一氧化二氮。它們在世界各地城市造成了重大污染，導致哮喘等健康問題。電動車的剎車片排放的微粒較少，因為它們主要是以電動馬達來煞車。至於在輪胎磨損方面，兩種類型間並沒有太大的差別；但是如果未來的車輛可以變得更輕，自動駕駛的車輛可以減少加速和減速的次數，那也將有所改善。

電動車的成本和前景

電動車的性能很好，轉換的主要障礙是成本。然而，不論是新創或傳統汽車製造商，都已在電動車的開發上投入大量資金。與汽油和柴油車相比，電動車的零件要少得多，這主要是因為電動馬達的構造較為簡單，而且運作成本較低，它們的初始價格之所以很高是因為電池的成本。據估計，持續地研發將使電池成本從二〇一八年的每瓩時（度）一百八十美元左右降至二〇二四年的每瓩時（度）一百美元以下，屆時電動車的購買成本將會與傳統汽車一樣。

一些新的電動車現在已配備有可行駛三百公里的電池，但為了消除車主在開車途中擔憂電量耗盡的里程焦慮（range anxiety），以及避免添購昂貴電池，需要增加更多充電站——這問題目前已開始著手處理。若是使用快速充電器，現在一般需要大約三十分鐘，才能將電池充電到八十%，這一點也可能讓人望之卻步，不過目前正在開發能夠在五分鐘內充電的快充電池。劍橋大學的研究人員發現，在鋰電池的陽極中以鈮鎢氧化物（niobium tungsten oxide）來代替石墨可以大幅縮減充電的時間。目前也規畫將線圈埋在路面下方，開發電動車電池的無線充電。當汽車停在停車場、路邊或行駛在路上時，這些線圈可以為電池充電。

目前電動車的銷售量已出現顯著成長：最初會是由油電混合車和插電式混合

動力車占據市場，但它們設計複雜，導致價格高昂，隨著電池價格的下降，預計純電動車將迅速占據主導地位。根據美銀證券（BofA Securities）預估，在二〇二五年、二〇三〇年和二〇五〇年，電動車的銷售量將分別達到十二%、三十四%和九十%的市場占有率（在過去，過渡到新交通方式的速度甚至更快：在一九〇〇年時，紐約第五大道上到處都是馬車；到一九一三年，這裡全都是汽車）。這些電動車中，將有許多是自動駕駛和共享的，這將會提高安全性，減少塞車，以及降低交通成本。這些全都預示著一個新的運輸時代的到來。

要電動化的也不只是汽車而已，舉凡公共汽車、摩托車、速克達、自行車也是如此，這些電動化的車輛銷售在全球都蓬勃發展。這一趨勢不僅將協助減少城市污染和交通堵塞，還能夠為許多人提供價格合理的交通方式。然而，占運輸能源需求近一半的卡車、輪船和飛機的電氣化則困難得多，因為目前的電池存儲量通常不足以供應其所需電力。生質燃料可以提供低碳排放，也可以永續地滿足一些需求；但目前看來，要提供足夠的生質燃料來滿足整個重型運輸的需求還非常困難。燃料電池或許有望成為一個好的替代品。

燃料電池

一八三九年葛羅夫（William Grove）發明了燃料電池（fuel cell），但隨著廉價化石燃料的普及，這種電池很快就乏人問津。直到一九五〇年代，其研發出現重大進展，當時美國太空總署（NASA）正在尋找一種輕型電源，最後決定以燃料電池來為雙子星計畫（Gemini）和阿波羅計畫（Apollo）的太空艙以及最近的太空梭（Space Shuttle）提供電力。

在一發動引擎的簡單燃料電池（見圖35）中，氫氣通過多孔的陽極，在此被離子化（失去電子）：帶正電的氫離子會穿過隔離膜，電子則通過引擎。電子和離子在陰極表面與氧原子結合生成水，從而產生一些熱量。因此，燃料電池是以

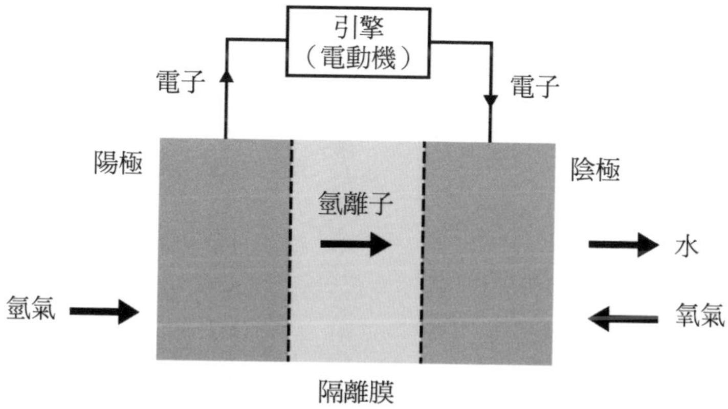

圖 35　氫燃料電池示意圖。

氫和氧來製造電力和水，剛好與水的電解過程相反，這是以電流通過水來產生氫氣和氧氣（燃料電池產生的熱量與電能大致相等，可用於建築物中，同時提供熱量和電力）。

在最初製造氫氣、儲存氫氣然後將其轉化為電能的過程中，會發生相當大的損失。產生的電力僅占輸入電能的三十五％左右，相較之下，電池則高達八十％。不過與電動車相比，採用燃料電池的優勢在於續航里程較長，而且添加燃料的速度較快，這一點特別適用於卡車、公共汽車、火車和輪船，因為它們有空間來儲存氫氣。第一輛氫燃料電池動力列車於二〇一八年在德國展開商業營運。它們更為安靜、運作成本更低，也沒有柴油列車排放的污染物，同時還是鐵路軌道電氣化的便宜替代方案。隨著全球燃料電池產量的增加，可預期使用成本會降低，以它們來代替化石燃料發電機的可能性也會增加。若是在生產氫氣的過程中使用的是再生能源，燃料電池也可提供零碳排的電力，而且可以透過輸送管或卡車來輕鬆運輸氫氣。此外，氫氣還有其他用途，特別是當作能源儲存和天然氣的替代品，這會促使日後有廉價氫氣可用的可能性，進而推動燃料電池的擴展。

現在我們可以看出，要尋求其他方案來替代能夠加熱的化石燃料，或是推動車輛的動力，勢必會大幅增加對電力的需求，因此這些電力必須由再生能源來提供。這些電力大多數將會來自風場和太陽光電場，而這裡主要的挑戰是興建這類發電場的速度是否夠快，而且同時還要推動世界動力需求的能源轉型，從以化石燃料為主過渡到以再生能源為主。

第九章

過渡到再生能源

要顯著降低極端天氣事件的風險，以及減低發生不可挽回的災難事件的機率，全世界需要將全球暖化的程度限制在攝氏一．五度以內。目前的升溫已達到攝氏一．一度，因此能夠行動的時間越來越短。若是要將溫度上限維持在這一範圍，可以排放到大氣中（二〇一七年之後）的二氧化碳只剩大約五百八十吉噸，按照目前的速度，到二〇三〇年代中期就會超過這項排放量上限。

全球二氧化碳排放量

二氧化碳的年度總排放量取決於世界每年的能源需求，以及碳濃度（carbon intensity），這是指每單位能源產生的二氧化碳排放量，其中以燃煤電廠最高，約為每度電一公斤的二氧化碳排放量。能源總需求的預測最主要是取決於未來幾十年全球經濟的成長方式。以所有國家的GDP（Gross Domestic Product，國內生產毛額）來衡量，世界財富正以每年約三％的速度成長，主要在開發中國家，這反映了那裡的人口增加和生活水準的提高。隨著一個國家的GDP成長，其所需的能源量也會增加。長時間下來，每單位GDP增加所需的能源（即其能源密集度）將會減少，特別是因為能源效率在整個流程中獲得提升，目前全球的平均是以一．八%的速度在下降。就這樣的預估來看，預計到二〇五〇年時，能源消耗量將比二〇一五年高出約四十%。那全球的排放量又是如何呢？這取決於能源消耗和碳濃度，卡亞恆等式（Kaya identity）簡明扼要地總結出這其中的關係（見下圖）。

卡亞恆等式以人口、個人財富、能源密集度和碳濃度來顯示二氧化碳排放量與能源消耗的關係。

$$\text{二氧化碳排放量}=\text{人口}\times\frac{\text{GDP}}{\text{人口}}\times$$

$$\frac{\text{能源}}{\text{GDP}}\times\frac{\text{二氧化碳排放量}}{\text{能源}}$$

$$=\text{人口}\times\text{個人財富}\times\text{能源密集度}\times\text{碳濃度}$$

二〇一五年各國在巴黎承諾要減少全球暖化，若是全都付諸實行（連同當前和規畫中的政策），那就表示到二〇五〇年，供應全球能源的燃料中只有約七十%，而不是八十%來自化石能源，而且煤炭的使用量將會大幅減少。但是，這種使用化石燃料的變化，再加上能源需求預估值的成長，其實只是讓碳排放量維持在目前的狀態，而在二〇一七至二〇五〇年這段期間，二氧化碳排放量將累計超過一千兩百吉噸，可能會使全球暖化接近攝氏兩度。我們真正需要做的是，在二〇五〇年前後，全世界必須得將碳排放量減少到零。要實現這目標，必須要進一步減少能源需求量和加快能源轉型，增加再生能源的占比，但這項轉變需要全球共同付出大量努力。

減少能源需求

世界上大部分的能源都消耗在建築、交通和工業中，比例大致相同，而且在這三者中都有很大的空間可減少能源使用。目前已經有針對建築物的「被動式設計（passive designs）」，這是指建物能夠因應當地的環境條件來減少能量消耗，好比說使用適當的材料，如在炎熱氣候區採用反射性的表面，這有助於保持室內舒適的溫度。另外，良好的隔熱、玻璃窗和減少縫隙漏風也很重要，還可透過遮陽設計、建物座向和自然通風等方式來為房屋降溫。任何加熱需求都可以透過熱泵來提供，這比使用化石燃料的效率要來得高。只提供使用中的房間暖氣（在日本通常都這樣做），而不是同時加熱那些空著的房間，也可以節省能源。新建築必須合乎高標準來建造，因為它們的使用年限可以達到數十年，而提高現有建築熱性能的造價通常都很昂貴，而且到目前為止，這方面的進展相當緩慢。

在照明方面，LED燈管的效率大約是螢光燈管的兩倍，更是遠遠超過白熾燈泡，而且壽命很長。全球約十五％的用電量是使用在照明上，若能盡量改用LED燈管，可望減少很大的用電量。提高電器效率也有所助益——例如，以額外的隔熱材料和更好的壓縮機來改善冰箱效能。

在交通運輸方面，針對使用化石燃料的車輛實施燃料效率法規和限速等，也可以減少能源需求——車體較輕、馬力較弱的汽車可以將油耗降低五十%。電動車可以節省更多能源，因為電動馬達的效率比內燃機高得多。減排也可以透過城市設計和促進大眾（低碳）交通、自行車、電動車和步行的政策來實現；也可以利用視訊會議和線上購物來避免交通旅程。在工業方面，可以改善熱回收、製程效率和電機來節省開支；並尋找在製造過程中需要用到大量能源的水泥和鋼鐵的替代品，例如木造結構。

再生能源的電氣化在幾個領域帶來更高的效率，特別是在運輸和供暖方面。國際再生能源機構預估，這種協同作用，連同上述所列的行動，可以大幅降低能源密集度（以及碳濃度的下降），達到每年下降約二．八%，從而可以保持世界能源需求大致維持在每年十萬太瓦時左右。

再生能源的目標

在二〇一五年，來自再生能源的能源占比約為十八％，主要來自生質能源和水力發電。到二〇三七年，這占比需要提升到六十％左右，讓化石燃料的占比下降到約三十五％，這樣才能在二〇五〇年實現零排放的目標，屆時大約有八十五％的能源需求應該來自再生能源，其中五％來自核能，碳捕捉則可消除使用化石燃料所造成的排放。圖36顯示了二〇三七年的狀況，這時再生能源對全球最終能源總消耗量的貢獻卓著，幫助世界邁入正軌。化石燃料的消耗僅限於用在交通運輸的石油和供暖的天然氣，煤炭則完全不再使用（若是我們到二〇六〇年才實現這一目標，那麼要到二〇九〇年才會達成零排放，那麼暖化將限制在攝氏兩度左右，但氣候變遷的後果將明顯更糟）。

到二〇三七年，電動車、熱泵和電氣化的成長會讓電力需求量增加一倍，達到每年五萬太瓦時。效率更高的電動馬達可以讓交通運輸的能源需求保持不變。

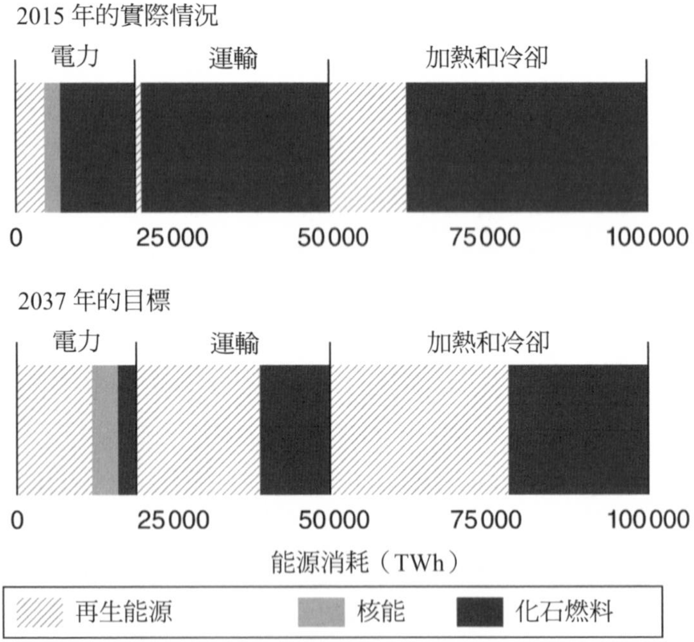

圖 36 2037 年的再生能源成長目標，預計是要在 2050 年時將全球暖化的溫度限制在 1.5℃之內。在 2015 年，大約有 80% 的電力是提供給機器、電器和照明設備；剩餘的 20% 電力則用於加熱和冷卻。

開發中國家對傳統生質能的使用會顯著減少，改以太陽能板來為烹飪和照明提供電力，但用於供暖和運輸的現代生質能的比例會增加。核電和水力的發電量會增加，但迄今為止，增幅最大的是風能和太陽能，到二〇三七年，每年將需要供應約三萬五千太瓦時。問題是，我們能夠及時建造出足夠的發電量能的可能性有多大？減少對化石燃料依賴的腳步是否夠快？

減少化石燃料

目前面臨的一項主要挑戰是設法減少煤炭的使用，因為煤炭燃燒導致了全球三分之一的二氧化碳排放量。在二〇〇〇至二〇一八年期間，燃煤電廠的發電量幾乎成長一倍，達到兩千吉瓦，主要是因為中國經濟成長飛快。中國現在擁有世界總產能的一半左右，美國和印度占另外五分之一。印度的煤炭使用量也在迅速擴大，但由於再生能源變得更便宜，再加上對空氣污染和氣候變遷的擔憂，中國和印度的煤炭成長都在放緩。然而，中國「一帶一路」倡議中也有提到新的燃煤電廠，這一點令人感到擔憂。美國和歐洲的煤炭需求量正在下降（德國的下降速度較慢，部分原因是他們正在逐步淘汰核電），而煤炭燃燒的排放量似乎已接近高峰值。然而，就目前全球的減碳速度來看，並不足以達到攝氏一．五度的目標，因此不應再建造新的燃煤電廠，而且淘汰現有燃煤電廠的速度要更快。對石油的需求也必須減少，就目前使用汽油和柴油的汽車和貨車（約占全球二氧化碳排放量的十一％）逐漸轉向電動車的趨勢來看，石油用量正在減少；而對天然氣的需求也是如此，停止以水力壓裂的方式來開採油氣井亦有助於達到這一目標。

這股朝向再生能源過渡的趨勢，因為那些有影響力的氣候變遷否認者而受到阻礙，導致速度嚴重放緩，尤其是在美國。這種否認氣候變遷是由二氧化碳排放引起的說法獲得既得利益者的支持，特別是化石燃料業。那些擁有化石燃料礦床的公司，現在得將這些原封不動地留在地下，數十億美元就此凍結，這些「擱淺資產（stranded assets）」將變得一文不值，就跟許多化石燃料發電廠的命運一樣。不僅如此，也將失去許多依賴化石燃料的工作職缺。

這種社會成本和動盪需要以財政支持，並且透過重新培訓人員來解決。《巴黎協定》認可「公正轉型（just transition）」的理念，即這筆費用應該由政府而不是個別化石燃料工人來承擔。全球再生能源公司正在創造許多新的就業機會，這行業將需要數十億美元的投資（其中一些可能是原本投資在化石燃料公司中的）。然而，若是繼續依賴化石燃料，就氣候變遷對健康的影響和對環境的破壞來看，我們要付出的成本將會是轉型到再生能源的許多倍。需要對這些外部因素有充分認識，並且要以制定碳價的方式將其納入計算。

目前制定碳排放價格的制度有很多種，有的是透過徵收碳稅，有的是透過碳排放交易計畫。根據二氧化碳排放量來課稅，會是一項很好的誘因，激勵每個人力求減少排放量，這也可以套用在交通運輸以及家庭和工業消費者身上。不過要達到一定減碳效果的確切排放量是無法確定的，而且這會對生活較不富裕的人產生不利影響。另一方面，碳交易計畫則可以納入排放量的絕對上限；在這類情況中，會分配給公司許多信用額度，每個信用額度都允許排放一定數量的二氧化碳，而這種額度是可以買賣的。在歐盟的這套計畫中，由於發放過多的信用額度，導致價格（每噸二氧化碳排放量）過低，無法達到抑制化石燃料的效果；因此，英國引入了最低碳價，這對於燃煤電廠提前關閉有推波助瀾的效果。在美國，主動採取作為的是各州政府而不是聯邦，東北部各州和加州已經制定出減碳計畫。中國也在規畫要引進一項大型的碳交易計畫，以加強降低排放量，以及轉向再生能源的力道。

除了要收取排碳的費用外，也需要取消對化石燃料的巨額補貼。與再生能源獲得的一千億美元相比，化石燃料所獲得的補助每年超過三千七百億美元，即使是G20國家——他們的財富總額相當於世界八十五%的GDP——十年前就同意逐步淘汰化石燃料。許多補貼是透過政府對燃料的價格控制，以此來降低價格，補貼消費者；這些政策很受民眾歡迎，因為這讓開車或烹飪變得更便宜。但這又有劫貧濟富的問題，因為通常只有富人才負擔得起燃料，而這些補貼又是從政府幫助窮人以及用於教育和健康等其他優先事項的支出中分流出來的。據估計，光是燃燒化石燃料造成的全球年度健康成本至少是這些補貼的六倍，這全都顯示要加快腳步轉型到再生能源的重要性。迄今為止，已有不少人對化石燃料公司提起訴訟，主張他們應支付氣候變遷相關的損失，但尚無成功的案例。

增加再生能源

再生熱能和電力皆需要大幅增加。大部分的熱量將由電力產生，而由生質能源來產熱的比例也許仍占總能源需求的十至十五％左右，這個占比看起來似乎可繼續維持。至於再生電力，過去十年來太陽能板和風機成本大幅下降，這意味著由太陽光電場和風場所送出的電力，現在已經比世界許多地方所新建的煤炭或核電廠更便宜；在二〇一八年，這類發電場提供了五十％的新增發電能力。

風能和太陽能都在大幅成長，現在兩者的全球總電容量達到燃煤電廠的一半，並且隨著燃煤發電量的減少，預計在十年內將達到接近的占比。最近，全球太陽能電量每三年增加一倍，而風能則是每六年增加一倍。離岸風場的成長速度更快，並且正迅速與傳統發電競爭。這些成長率和相關成本降低意味著在大量資金的投資下，到二〇三七年時，全球的風力發電量可達每年一萬太瓦時，而太陽能則是兩萬五千太瓦時，合計約占目標用電量的七十%。由於機器人的使用增加，能夠加快生產速度，再加上電池存儲成本的迅速下降，這些因素都有助於達成預期目標。至於剩餘的發電缺口則主要倚靠水力發電、核電和燃氣發電廠來填補。要能實現上述這個場景，必須要積極擴張再生能源發電，若是能達到，預計將會產生約七萬五千太瓦時的電力，並在二〇五〇年實現零碳排的目標。只要政界有這個意願，要達成這種成長是可能的，目前也已有不錯的進展。

中國、歐盟、美國和印度都在進行巨額投資，預計在二〇一八至二〇二三年這五年期間，中國的再生能源成長將占全球的四十%以上。在美國，儘管川普總統對此抱持消極態度，但由於各別州政府、城市和企業的倡議，依舊有相當可觀的成長。風場和太陽光電場的成長最快，開始對輸電網造成壓力。許多電網升級或擴建的作業已經展開；例如在二〇一八年，歐洲有四條新的電網互聯線獲得資金，以協助整合更多的再生能源進入電網。在擁有豐富天然氣和石油的俄羅斯，再生能源的部署則緩慢許多；倒是日本出現了一些成長，日本在福島事故之後，試圖減少對核電的依賴，不過仍然相當依賴煤炭。拉丁美洲擁有良好的水力發電和生質能資源，這方面的投資正在快速成長，但巴西以及委內瑞拉都擁有大量石油資源，這可能會減緩其再生能源的轉型進程。在全球各地的開發中國家，對再生能源的投資正在快速成長，數百萬人可望受惠於太陽能板的分散式發電。

需要採取的行動

我們正進入朝向以再生能源發電為主的轉型，這樣的過渡又得利於成本不斷下降，以及日益增加的數位化科技比重，但速度還是不夠快。在整個能源生產的過程中，需要大幅提高低碳電力的占比，以提供給運輸、建築物的冷暖空調以及工業。同時還需要增加對再生能源發電的投資，修改能源效率的建築法規和規範，並且要盡快淘汰煤炭以及柴油車和汽油車。工業製程電氣化是工業加熱過程脫碳的關鍵，而且轉換的價格也算合理。要達成實現這一目標，可以藉由使用電力生產氫氣這類低碳燃料，還有制定碳價來協助。最重要的是，國際社會要共同致力於降低碳排放，實現《巴黎協定》中的承諾。然而，儘管二〇一九年聯合國報告警告全球二氧化碳排放量仍在上升，但在氣候變遷會議 COP25 上，並未就碳價達成任何協議。

至關重要的一點是要找出能夠減少能源消耗和需求的方法，因為這樣才能降低能源供應的脫碳速度。自一九七〇年以來，全球人口增加一倍，每年的二氧化碳排放量增加了兩倍半；GDP也成長了四倍。這些變化導致世界資源的大規模枯竭和惡化。在過去四十年間，脊椎動物的數量平均下降了六十%，大約有一百萬種動植物有滅絕的危險，大片的森林消失。此外，海洋和大氣受到嚴重污染，另外，昆蟲數量因集約化農業（尤其是殺蟲劑的使用）和全球暖化而急劇下降，這一切都構成對生物多樣性損失的嚴重威脅。計畫性報廢——許多產品直接被丟棄，也沒有重複使用——造成大量廢棄物（特別是塑料）。我們必須從消費主義轉向更為永續的生活方式，鼓勵以回收和再利用為特色的循環經濟。必須停止整頓土地造成的碳排，同時還要展開大量重新造林計畫。限制人口（這一點會因為世界都會化的進程加快而有所助益）、計畫生育以及提供教育和女性培力等，這些都將減少碳排放和舒緩資源壓力。

最重要的是，我們需要盡快停止化石燃料的燃燒，並制定一套有效且公平的碳價標準。在政治上要推行這項政策極其困難，因為化石燃料的使用與社會息息相關。以碳捕捉技術來處理大半的全球二氧化碳排放，無異是讓化石燃料持續開採具有正當性。但這其實並非明智之舉，因為碳捕捉技術還沒有發展到足以處理全球碳排的規模，而且使用這項技術的成本通常也不會比轉向使用更多再生能源那樣便宜；很可能只有在某些工業程序上具有成本效益，並且僅能消除全球碳排放量的十％。在各項減緩全球暖化的計畫中，例如以人為方式增加大氣氣溶膠，也在評估之中，但這需要進行更多研究，評估這項地球工程的益處是否能夠超越其意外引發極端氣候的風險，並且不能在評估這類計畫時分散了控制二氧化碳排放量的努力。

在個別的州政府、城市和個人，也可以透過促進使用再生能源做出巨大貢獻，目前已經在好幾個地方展開，例如加州、紐約州和聖地亞哥（美國）、齋浦爾（印度）、漢堡（德國）、多倫多（加拿大）和班加羅爾（印度）。城市交通（公車和火車）以及自用車和自行車的電氣化以及那些承諾減少碳足跡的公司和城市也將加速轉型。改變貨物運輸方式，從公路和航空到鐵路和航運，也將有所幫助。

在個人方面，可以選擇再生能源公司供應的電力和天然氣，或是在屋頂加裝太陽能板自行生產再生能源。還可以選擇搭乘大眾交通工具，或租用電動車來減少能源消耗。社區參與則能夠讓風場和太陽光電場得到更大的接受度；「百萬婦女（1 million women）」和「日出運動（Sunrise Movement）」等民間運動可以鼓勵大眾對氣候變遷採取行動；就像瑞典環保少女童貝里（Greta Thunberg）倡導以罷課來為氣候變遷採取行動一樣。英國議會於二〇一九年五月首度宣布全國進入氣候緊急狀態——就在環保活動組織發起「反抗滅絕（Extinction Rebellio）」這項廣為人知的抗議活動兩週後。

至於長途飛行這類目前尚未有低碳解決方案，但又無法避免的活動，或許可以用碳抵消當作是一種過渡性解決方案，即資助其他的減碳活動來補償自身的排放量。最好的做法是支助獨立認證的二氧化碳捕捉計畫，好比說從事有效且永續的造林，或是以再生能源發電來彌補碳排。但是這也不可能完全彌補個人造成的排放量。

最要緊的是，必須立即改變能源政策，從化石燃料迅速轉型到再生能源，要進行這樣巨大的改變，就跟面對一場戰爭一樣。美國提出一項雄心勃勃的計畫，試圖在十年內對能源供應的脫碳進行大規模投資，同時創造就業機會來解決貧富不均的問題。這與一九三〇年代羅斯福「新政（New Deal）」的經濟刺激措施類似，因此又稱為「綠色新政（Green New Deal）」。任何計畫都需要長期規畫執行，以達預期結果，並建立投資信心。這類投資的回報可能很慢，而且可能與私人公司為股東帶來的短期利潤發生衝突，遇到這種情況時，更需要強而有力的監管或國家參與。

二氧化碳之外的排放問題，例如來自畜牧業的甲烷，可以透過推廣蔬食或替代性蛋白質來減少。少吃肉會減少食物所需的土地面積，並且讓生態系統休養生息，而重新造林則有助於二氧化碳的捕捉。在農業中，保育耕作（conservation tillage），即在不重新耕地的情況下播種，可以顯著減少二氧化碳排放。在食品和消耗品上標記碳足跡，也能讓消費者區別產品製程是否為高碳排，這將有助於「綠色」消費。

個人必須與家人、朋友和同事討論支持再生能源、減少化石燃料的重要性以及採取緊急行動的必要性。野火和嚴重洪水等極端天氣事件的發生頻率增加，這讓人意識到需要採取一些因應措施，但政府的反應不夠迅速。我們早已擁有解決全球暖化問題的科技，但我們需要推動其相關的部署與應用。隨著風電和太陽光電的發電成本急劇下降，現在再生能源的價格趨於合理，在過去幾年中，已經有些地方的發電成本減半。整個轉型過程勢必需要有巨額投資，但若毫不作為，我們要付出的代價將更高昂。從化石燃料轉向再生能源正迅速成為最經濟、最永續的選擇。下頁文末總結了需要採取的關鍵行動。

這世界需要以風場和太陽光電場作為主要電力來源，目前其擴展速度令人樂觀。電網的發展、需量反應和價格日益低廉的儲能設備，這些都可確保這個系統持續運作，提供我們需要的能源。過去，我們曾經依賴過再生能源，現在需要再次回頭善用它們，唯有如此，地球環境才不會再受到迫害，也能避免氣候變遷嚴重影響我們的生活。

避免氣候變遷讓世人陷於險境的關鍵行動

- 停止燃燒化石燃料——改用再生能源
- 脫碳，以及透過投資風場和太陽光電場以增加電力供應
- 運輸和空調設備的電氣化
- 減少能源需求——再利用和回收
- 促進再生能源及相關技術和基礎設施的擴展

致謝

非常感謝以下和我討論再生能源的人：約翰．安德魯斯（John Andrews）、康耶斯．戴維斯（Conyers Davis）和洛杉磯史瓦辛格研究所（USC Schwarzenegger Institute）的同事：尼克．艾爾（Nick Eyre）、克里斯．顧達爾（Chris Goodall）、麥克．梅森（Mike Mason）、莫瑞茲．瑞德（Moritz Riede）、傑哈．馮．巴塞爾（Gerard van Bussel）和西蒙．華生（Simon Watson）。我還要感謝菈薩．門農（Latha Menon）的建議，以及牛津大學出版社協助準備出版書稿的所有工作人員。

最重要的是，我要感謝我的妻子珍（Jane），感謝她提供的支持和寶貴意見，還有約翰（John）、泰莎（Tessa）和皮爾尼可拉（Piernicola）的鼓勵。

延伸閱讀

再生能源領域的變化極為快速，自二〇一五年以來尤其如此，許多書籍或文章往往很快就過時，尤其是關於風能及太陽能的。以下是一些相關書籍，以及可以找到最新資訊的參考資料。

- Aklin, M. and Urpelainen, J. *Renewables: the politics of a global transition* (The MIT Press, 2018)
- Andrews, J. and Jelley, N. *Energy Science*, 3rd edn (Oxford University Press, 2017)
- Berry, S. *50 Ways to Help the Planet; easy ways to live a sustainable life* (Kyle Books, 2018)
- Bloomberg, M. and Pope, C. *Climate of Hope: how cities, businesses, and citizens can save the planet* (St. Martin's Press, 2017)

- Goodall, C. *The Switch: how solar, storage, and new tech means cheap power for all* (Profile Books, 2016)
- Hawken, P., ed. *Drawdown: the most comprehensive plan ever proposed to reverse global warming* (Penguin, 2017)
- IRENA. *Global Energy Transformation: a roadmap to 2050* (International Renewable Energy Agency, 2018): <www.irena.org/publications>
- Jelley, N. *Dictionary of Energy Science* (Oxford University Press, 2017)
- Klein, K. *This Changes Everything: capitalism vs. the climate* (Penguin Books, 2014)
- Klein, K. *On Fire: the burning case for a green new deal* (Allen Lane, 2019)
- Kolbert, E. *The Sixth Extinction: an unnatural history* (Bloomsbury, 2014)

- Lewis, L. L. and Maslin, M. A. *The Human Planet: how we created the anthropocene* (Pelican Books, 2018)
- Marshall, G. *Don't even Think about it: why our brains are wired to ignore climate change* (Bloomsbury, 2014)
- Maslin, M. A. *Climate Change: a very short introduction*, 3rd edn (Oxford University Press, 2014)
- REN21, *Advancing the Global Renewable Energy Transition* (Renewable Energy Policy Network for the 21st Century, 2018): <http://www.ren21.net/advancing-global-renewable-energy-transition/>
- Robinson, M. *Climate Justice: hope, resilience, and the fight for a sustainable future* (Bloomsbury, 2018)

- Romm, J. *Climate Change: what everyone needs to know*, 2nd edn (Oxford University Press, 2018)
- Sivaram, V. *Taming the Sun: innovations to harness solar energy and power the planet* (The MIT Press, 2018)
- Usher, B. *Renewable Energy: a primer for the twenty-first century* (Columbia University Press, 2019)
- Wallace-Wells, D. *The Uninhabitable Earth: a story of the future* (Allen Lane, 2019)

網站

- Special report on Global Warming of 1.5℃ , International Panel on Climate Change:
  <https://www.ipcc.ch/sr15>
- Affordable and clean energy:
  <https://www.undp.org/sustainable-development-goals#affordable-and-clean-energy>
- Standard of living, the human development index:
  <https://hdr.undp.org/data-center/human-development-index#/indicies/HDI>
- UN Climate Change Conferences (CoP) :
  <https://unfccc.int/process/bodies/supreme-bodies/conference-of-the-parties-cop>

國家圖書館出版品預行編目(CIP)資料

再生能源 : 尋找未來新動能 / 尼克 · 傑利（Nick Jelley）著 ; 王惟芬譯 .-- 初版 .-- 臺北市 : 日出出版 : 大雁文化事業股份有限公司發行 , 2022.06
面； 公分
譯自 :Renewable Energy : A Very Short Introduction
ISBN 978-626-7044-53-7(平裝)
1. 再生能源
400.15 111008275

再生能源：尋找未來新動能

Renewable Energy : A Very Short Introduction

作　　者 尼克· 傑利 Nick Jelley
譯　　者 王惟芬
責任編輯 王辰元
封面設計 萬勝安
內頁排版 藍天圖物宣字社
發 行 人 蘇拾平
總 編 輯 蘇拾平
副總編輯 王辰元
資深主編 夏于翔
主　　編 李明瑾
業　　務 王綬晨、邱紹溢
行　　銷 曾曉玲
出　　版 日出出版
地址：台北市復興北路 333 號 11 樓之 4
電話（02）27182001　傳真：（02）27181258
發　　行 大雁文化事業股份有限公司
地址：台北市復興北路 333 號 11 樓之 4
電話（02）27182001　傳真：（02）27181258
讀者服務信箱 E-mail:andbooks@andbooks.com.tw
劃撥帳號：19983379 戶名：大雁文化事業股份有限公司
初版一刷 2022 年 6 月
定　　價 380 元

ISBN 978-626-7044-53-7